Lieber
Der Mondeffekt

Dr. med. Arnold L. Lieber

Der Mondeffekt

Einflüsse auf den Menschen

herausgegeben von Jerome Agel

Ullstein

CIP-Kurztitelaufnahme der Deutschen Bibliothek

Lieber, Arnold L.:
Der Mondeffekt: Einflüsse auf d. Menschen / Arnold L. Lieber. Hrsg. von Jerome Agel.
[Übers. Hilmar Heckert]. – Berlin; Frankfurt (M.); Wien: Ullstein, 1981.
Einheitssacht.: The lunar effect ⟨dt.⟩
ISBN 3-550-07690-8

Verlag Ullstein GmbH · Berlin · Frankfurt/M. · Wien

Titel der Originalausgabe: The Lunar Effect. Biological Tides and Human Emotions.
Erschienen bei Anchor Press/Doubleday, Garden City, New York

Übersetzer Dr. med. Hilmar Heckert

Satz: Fotosatz Otto Gutfreund, Darmstadt
Druck und Verarbeitung: May u. Co, Darmstadt
Printed in Germany 1980
ISBN 3 550 07690 8

Meinen Förderern

Dr. med. Marshall M. Lieber, 1904–1974, meinem Vater und Vorbild für unvoreingenommenen Wissensdrang.

Dr. med. Seymour L. Alterman, der mir Anregung und Gelegenheit verschaffte, während der Zeit meines Medizinstudiums eigene klinische Studien in Angriff zu nehmen und zu veröffentlichen.

Dr. med. James N. Sussex, dessen Beherztheit, Weitsicht und Großzügigkeit die Beschäftigung mit dem Mondeffekt ermöglichten.

Dr. med. A. L. Lieber

Inhalt

löstes Problem bei der Untersuchung natürlicher Umwelteinflüsse auf das menschliche Verhalten bedeutet die hier grundsätzlich mangelnde Eignung der Statistik. Eine Welt, in der nur vernünftig-rationelles Benehmen von der Gesellschaft gebilligt wird, verlangt uns einen hohen Preis ab. Wir müssen auf unsere unbewußten Neigungen und Fähigkeiten Rücksicht nehmen, wenn wir die Übersicht zu behalten wünschen. Die augenblickliche Hoffnungslosigkeit unserer Gesellschaft kann im Lichte unseres Erdtrabanten recht klar übersehen werden. Es ist die Zurückdrängung des Mondeinflusses und dessen, was dieser bedeutet, wodurch soziale Spannung, Zwietracht und beklagenswerte Folgen erzeugt werden. Der Mond wird zum Mörder für Menschen, die seelisch nicht stabil sind, oder für eine Gesellschaft, die zu starr ist, um kosmische Erschütterungen elastisch zu parieren. Die Unfähigkeit der Gesellschaft, der intuitiven Seite der menschlichen Natur gerecht zu werden, hat zu einem riesigen Markt kosmischen Scheinwissens geführt.

Wir leben in einer elektromagnetisch beeinflußten Welt. Meine Hypothese biologischer Gezeiten legt dar, daß der menschliche Körper den gleichen kosmischen Einflüssen wie die Erde unterliegt und daß die Körpervorgänge ein Auf und Ab im Rhythmus von Gezeiten der Schwerkraft und des Elektromagnetismus erleben. Es ist vernünftig, anzunehmen, daß die Schwerkraft eine direkte Wirkung auf die Wassermasse des Körpers ebenso wie auf die des ganzen Planeten ausübt. Das Gefühl »Heute ist mit mir nichts los« kann zuweilen extraterrestrischen Ursprungs sein. Die Entdeckung verstärkter Blutungsneigungen beim Menschen zu Neu- und Vollmond stellt einen weiteren Hinweis auf das offenkundige Vorhandensein biologischer Gezeiten dar. Es ist eine der bemerkenswertesten Auswirkungen der Umwelt auf das Bewußtsein, die Umweltbewußtheit zurückzudrängen. Ein neues Wissensgebiet entwickelt sich: Die Kosmobiologie, eine Zusammenfassung anstrebende Grenzwissenschaft, die das Verhältnis des Menschen zum Kosmos in Übereinstimmung mit den Naturgesetzen klären will, wie wir diese kennen oder noch kennenlernen werden.

Einführung

Es gibt wiederkehrende Abläufe im Leben, deren Bedeutung außerhalb oder an der Grenze unseres Begriffsvermögens bleibt. Auf der Erde drücken sich Kräfte und ihre Auswirkungen in anscheinend zusammentreffenden Vorgängen aus, die keine Beziehungen erkennen lassen. Den Mondeinfluß auf unser Leben hat man über Jahrtausende hinweg gefühlt, aber erst jetzt war wissenschaftliche Einsicht in der Lage, die ersten Gesichtspunkte dieses Einflusses zu umreißen.

Viele Tatsachen in diesem Buche sind neu. Wissensstoff verschiedener Gebiete, der ein Licht auf die verwickelten Umweltwirkungen auf das menschliche Leben wirft, wird hier behandelt. Die Aufgabe war, die übereinstimmenden Züge in diesem Wissen herauszufinden. Die tatsächlichen Beziehungen beginnen erst, sich abzuzeichnen.

Der Mond wiegt 73500000000000000000 Tonnen* und umkreist die Erde in einem mittleren Abstand von 384700 km. Es finden sich immer noch Leute, die glauben, daß unser Erdbegleiter absolut keinen Einfluß auf unser Leben nimmt.

Wenn Sie im »Mondeffekt« über biologische Gezeiten und menschliche Gefühlserregungen lesen, werden Sie einigen interessanten Menschen begegnen, die fesselnde Entdeckungen gemacht haben. Die Skala der Untersuchungen reicht von Beobachtungen an Laboratoriumstieren bis hin zur Sammlung weltweiter Wetterdaten. In einer Odyssee werden wir aus den Tiefen des Weltraumes zu den noch zu erforschenden Äußerungen biologischer Systeme des Menschen geführt. Wir sind dabei, das Reich des Unbekannten freizulegen.

* Astronomen geben die Masse des Mondes mit dem »handlicheren« Ausdruck $7{,}350 \cdot 10^{25}$ g an (d. Übers.).

Der Mond ist in der Umwelt des Menschen allgegenwärtig gewesen. Im Verein mit der Sonne war er eine bedeutende Kraft der Evolution. Er beeinflußt in der Tat die Verhaltensweisen. Er hilft als Zeitgeber natürlicher Rhythmen, mit denen wir leben. Dieser »dicke grüne Käse« ist ein wichtiges Verbindungsglied zwischen Mensch und Kosmos.

Was bedeutet das alles für Dich und mich? Ist es wahr, was Shakespeare in König Heinrich IV., Teil 1, schreibt, daß

> ».... unser Schicksal, die wir nur Kinder des Mondes sind, schwankt wie Ebbe und Flut der See...«?

Meine eigene Forschung brachte Untersuchungsergebnisse ans Licht, die einen Mondeinfluß auf gewalttätiges Verhalten offenbaren und Auswirkungen auf Psychiatrie, Medizin und auf die Verhaltensforschung mit sich bringen. Es ergeben sich ebenfalls Schlüsse auf das gewöhnliche tägliche Leben. Man wird nach der Lektüre dieses Buches anders von sich selbst denken.

Glauben Sie, daß Ihre Haut Sie gegen das Weltall abschirmt? In vieler Hinsicht tut sie das nicht. Vielen kosmischen Kräften bieten wir überhaupt kein Hindernis; wir sind tatsächlich für sie »transparent«. »Der Mondeffekt« hat nichts mit unserer körperlichen Abgeschlossenheit von der Welt zu tun, sondern gerade mit einem hier vorhandenen Zusammenhang.

Arthur Koestler erinnert uns, daß einer der Mitbegründer* des modernen Weltbildes, der Astronom und Entdecker von Naturgesetzen Johannes Kepler, eine Anzahl ernsthafter Abhandlungen der Astrologie verfaßte. In ihnen warnte er gewisse Theologen, Ärzte und Philosophen, sie sollten, auch wenn sie mit Recht den Aberglauben der Sterndeuter ablehnten, das Kind nicht mit dem Bade ausschütten. »Denn nichts ist vorhanden oder geschieht am Himmelszelt, was nicht in geheimnisvoller Weise von den Fähigkeiten der Erde und der Natur empfunden wird...«

* Der zweite war Tycho de Brahe, der sein Bedauern ausdrückte, daß eine bevorstehende Opposition von Mars und Jupiter und eine anschließende Mondfinsternis ihn hinderten, den zu Besuch kommenden Johannes Kepler persönlich willkommen zu heißen. Brahe war damals im Februar 1600 gerade zu sehr beschäftigt.

»Man kann jetzt ruhig davon sprechen«, so haben die ersten Leser dieses Buch charakterisiert. Es ist gewiß eine Detektivgeschichte wissenschaftlicher Forschung. Der Stoff, der hier behandelt wird, ist aufsehenerregend. Aber denken Sie, wenn Sie wollen, an Sherlock Holmes' treffende Mahnung: »Wenn du das Unmögliche ausgeschlossen hast, muß, was immer übrig bleibt, und wie unwahrscheinlich es auch anmutet, wahr sein.«

Ich denke, auch Sie werden von der bemerkenswerten, ja »nicht ganz geheueren« Macht des Mondes überzeugt sein.

Bei den Untersuchungen, die zur Theorie biologischer Gezeiten führten, unterstützte mich Dr. phil. Carolyn R. Sherin.

Zahlreiche Wissenschaftler und Techniker widmeten der Entdekkungsreise Zeit, Einfallsreichtum und sonstige Hilfsmittel. Ich möchte den folgenden Persönlichkeiten meine Dankbarkeit bekunden:

Dr. med. Joseph H. Davis, Medizinaldezernent des Bezirks Dade; Dr. med. Samuel Gerber und Dr. med. Lester Adelson, Leichenbeschauer des Bezirks Cuyahoga; dem verstorbenen Medizinaldezernenten der Stadt New York, Dr. med. Milton Helprin; E. Wilson Purdy, Direktor des Sicherheitswesens des Bezirks Dade; dem Meteorologen Thomas Carpenter, Staatsamt für See- und Luftangelegenheiten; dem Astronomen Douglas Duke, Universität von Miami; dem Astronomen Fred Haddock, Universität von Michigan; dem Computer-Fachmann Richard Sherin und Dr. med. Mitchell Manin, wissenschaftlicher Assistent.

Ein Teil meiner Forschungen wurde mit einer Zuwendung der »United Way of Dade County« in Florida unterstützt.

Bei den Untersuchungen und bei der Abfassung des »Mondeffektes« standen mir Jerome Agel, der mir die Idee zu diesem Buche nahelegte, sowie Fred Lazarus zur Seite.

Ich bin sehr beeindruckt von Colin Wilsons Bericht zum Hergang der Veröffentlichung von Robert Graves' Buch vom Mond, »Die weiße Göttin«:

> Nach Fertigstellung des Buches ereigneten sich immer wieder seltsame Dinge. Der erste Verleger wies das Werk zurück und starb kurz darauf an Herzversagen. Ein zweiter lehnte die Heraus-

gabe in einem groben Schreiben ab: er könnte aus der Sache nicht klug werden und bezweifelte, daß irgendein anderer dies könnte. Er kleidete sich in Frauenunterwäsche und erhängte sich an einem Baum in seinem Garten. Andererseits, schreibt Graves, hat T. S. Eliot, der das Buch dann verlegte, nicht nur sein Geld wieder eingebracht, sondern auch in jenem Jahr den Order of Merit* erhalten.

Leser, die Interesse an einem eingehenderen Studium der im »Mondeffekt« beschriebenen Erscheinungen haben, finden ein Schriftenverzeichnis am Ende des Textteiles.

Miami, im März 1978. Dr. med. A. L. Lieber

* Order of Merit = Verdienstorden (d. Übers.)

Den Geschicken der Menschen wohnt ein Wechsel von Höhen und Tiefen inne...

Julius Caesar, IV, iii

Ich hege keinen Zweifel, daß der Mond einen Einfluß auf menschliches Verhalten ausübt.

Carl Sagan

Im Erinnerungsvermögen der Rasse hat der Mond einen schlechten Ruf, und der Geisteskranke ist einfach ein Mitmensch, der sich zufällig jener Tatsache besser erinnert.

The New Yorker

Der Mondeffekt

1. Der Mond in Mythen und Bräuchen

Vor 500 Millionen Jahren rief der Mond das Leben aus seiner ersten Heimstatt, dem Meer, heraus und führte es auf das öde Land. Weil der Erdtrabant Ebbe und Flut über die unfruchtbaren Kontinente der urtümlichen Erde trieb, setzte ihr täglicher Rhythmus die Lebewesen im flachen Wasser der Sonne und der Luft aus. Die meisten gingen zugrunde, aber einige paßten sich der neuen, widrigen Umgebung an... Kein Wunder, daß der dramatische Neubeginn unsere Gefühle so aufwühlt. Die emporsteigende Rakete erregt die Gemüter mehr als Nüchternheit;...

Arthur C. C. Clarke

Für den größten Teil, wenn nicht für alle menschliche Erfahrung, hat der Mond als rätselhaftes und machtvolles Wesen gegolten. Man verehrte und feierte ihn und zog ihn zu Rate.

Für unsere Ahnen stand der Einfluß des Mondes außer Frage. Sie lebten in enger Verbundenheit mit der Natur und beobachteten, daß Lebensrhythmen in Einklang mit dem Mondwechsel standen. Andererseits behandeln moderne Menschen den Mond mit Geringschätzung. Viele Wissenschaftler sehen in ihm nichts anderes als eine riesige graue, ausgeglühte Kohle am Himmel. Neben dieser verächtlichen Behandlung haben wir ihn noch verletzt, sind wir doch gerade auf ihm herumgetrampelt.

Unsere Altvorderen wußten immerhin einiges.

Die unheimliche Kraft, die unserem nächsten Himmelsnachbarn in vorwissenschaftlichen Überlieferungen zugemessen wurde, kann nun mit wissenschaftlichen Feststellungen verknüpft werden.

Wir lernen jetzt, daß unser einziger natürlicher Erdbegleiter eine durchdringende Wirkung auf Stimmungen, Wohlbefinden, Unversehrtheit und Verstand ausübt. Eingehende Studien decken die Beziehung des Mondes zu menschlicher Gewalttätigkeit und zur Fruchtbarkeit auf: Er ist Mond der Liebenden und er kann töten.

Der Mond verändert die chemische Struktur unseres Körpers.

Der Mond hat uns im wahrhaften Sinne im Griff.

Aus alten Zeiten stammendes Wissen vom Mond und seiner Kraft kann nicht länger als Aberglauben abgetan werden. Wir schulden es uns selbst, einen strengeren Maßstab anzulegen.

Es ist leichter, ein Wissensgebiet in seiner Gesamtheit abzulehnen, als die Gültigkeit seiner Vorstellungen zu prüfen, besonders solcher Vorstellungen, die für viele nur »Altweibergeschwätz« sind. Die Grenze zwischen Tatsache und Einbildung ist begrifflich schwer darzustellen und schwer zu ziehen. Die Ergebnisse neuer Forschung sind erstaunlich, und ein gegenwärtiges wissenschaftliches Dogma wird sich vielleicht als nicht mehr denn ein zeitgenössischer Mythos erweisen.

Etwa ein Jahrhundert bevor Isaac Newton die Gravitationsgesetze abfaßte, behauptete der Begründer der modernen Astronomie, Johannes Kepler (1571–1630), daß der Mond die Gezeiten des Meeres bewirke. Aber er konnte nicht erklären auf welche Weise. Er vermochte Wirkung und Ursache nicht zu verknüpfen. Galilei, einer der ersten Astronomen jener Zeit, lehnte Keplers Theorie als »astrologischen Unsinn« ab. Kepler war allerdings ein tüchtiger Astrologe, der Horoskope stellte, um sich mit ihrer Hilfe durchzuschlagen.

Zu Keplers Zeit kannten wenige den Unterschied zwischen Astrologie und Astronomie. Galilei kannte ihn natürlich, und seine konsequente Ablehnung der Astrologie bewog ihn, nicht an den Einfluß des Mondes zu glauben. Er schuf die Grundlagen der modernen Dynamik, der Wissenschaft von den bewegenden Kräften, und glaubte, die Gezeiten würden von Unregelmäßigkeiten der Erdbewegung verursacht. Newton, ein Jahr nach Galileis Tod geboren, konnte dann die Wirkung des Mondes auf Ebbe und Flut genau erklären. Was einst als Astrologie angesehen wurde, ist heute eine Grundtatsache der Astronomie.

Donnes Ausspruch »Niemand ist eine Insel« bezieht sich auf alle Erscheinungen des Weltalls. Alles steht untereinander in Verbindung, obwohl wir nicht immer die Beziehung anzugeben vermögen.

Sie fühlen sich unbehaglich? Werfen Sie einen Blick auf den Mond. Es ist wahrscheinlich Vollmond.

Sie sind aufgeregt? Werfen Sie einen Blick auf den Mond. Es ist wahrscheinlich Vollmond.

Sie können nicht schlafen? Werfen Sie einen Blick auf den Mond. Es ist wahrscheinlich Vollmond.

Einige Ärzte stellen sich darauf ein, zur Zeit des Vollmondes eine größere Patientenzahl zu behandeln. Dr. Allen Cott, ein bekannter Psychiater in New York, sagt mir, er und das Personal der Klinik, an der er tätig sei, können das Verhalten plötzlich unruhiger Patienten nur als vom Mond »gezündet« erklären. Er hat bemerkt, daß Gesprächspartner am Telefon während der Zeiten des Vollmondes Neigung zur Grobheit zeigten.

»Bei Vollmond fangen die Verrückten plötzlich an, mich regelrecht zu belämmern«, sagte mir Gerry Studds, ein Kongreßabgeordneter aus Massachusetts. »Wenn ich meine Sekretärin frage, was für Telefonate über Nacht eingegangen seien, antwortet sie zu Vollmond immer dasselbe: ›Ach, wieder das übliche dumme Zeug‹.«

Bis jetzt gibt es keine wissenschaftliche Stütze für die Ansicht des medizinischen Personals, daß Patienten während des Vollmondes übererregt sind. Aber die persönlichen Beobachtungen und Erfahrungen von Beschäftigten in Einrichtungen für Erste Hilfe und auf psychiatrischen Abteilungen weisen nachdrücklich auf die Schlüsselrolle hin, die der Mond beim Verhalten normaler und psychisch abartiger Personen spielt.

In Einrichtungen für geistig Behinderte, für Drogensüchtige und Alkoholiker Tätige haben gleiche Erfahrungen in Zusammenhang mit dem Mond gemacht wie ich.

Ein Krankenwagenfahrer aus New Yorks Lower East Side berichtet, daß auf der Straße in einer Vollmondnacht stets lebhafteres Treiben herrsche. »In diesen Nächten ist dort ein heilloses Durcheinander von Gewaltverbrechen und Unfällen.«

Vernon Fox, Professor für Strafrecht an der Staatsuniversität von Florida, erfuhr von ähnlichen Verhältnissen. Polizeioffiziere deuteten in seinen Vorlesungen an, sie glaubten, daß sich die Verbrechensrate während des Vollmondes erhöhe. Ihre Meinung ist das Ergebnis eigener Eindrücke auf Grund von persönlichen Beobachtungen.

Der Chefinspektor der Polizei von Stadt und Bezirk San Francisco behauptet, »die meisten im öffentlichen Dienst Beschäftigten, die soviel Sachkunde besitzen, um sich dazu äußern zu können, bestehen auf ihrer aus Erfahrung herrührenden Kenntnis, daß es eine deutliche Übereinstimmung zwischen den Mondphasen und dem menschlichen Verhalten gibt«.

Ein Friedensrichter aus Kingsland in Georgia will in seinen vier Amtsjahren ein regelhaftes Verhalten bei Eheschließungen entdeckt haben. »Es ist mehr los bei Vollmond.«

Der Glaube an die Fähigkeit des Mondes, das menschlichen Verhalten zu beeinflussen, ist keine abergläubische Marotte einfältiger Menschen. Es ist die begründete Ansicht erfahrener Fachleute, die mit vielen Menschen zu tun haben.

Die Mondwirkung auf das Leben ist nicht beschränkt auf befremdliches oder auf wunderliches menschliches Verhalten, sondern weit verbreitet.

Manche Leute haben sich schnell die vorhersagbaren Auswirkungen zunutze gemacht. Der Mond wurde zu einem Wohltäter für Jäger und Fischer. Die Alterfahrenen haben stets unter Berücksichtigung der Mondphasen gefischt. Gewisse Fische beißen bei Vollmond, andere zu den Mondvierteln. »Streifenbarsche folgen dem Vollmond nach Montauk*« ist die Schlagzeile einer Land- und Wasserwirtschaftsspalte in den New Yorker Daily News.

Es erscheint natürlich, daß Meeresbewohner am stärksten vom Mond beeinflußt werden, weil die Gezeiten, die schließlich mondbedingt sind, eine bedeutende Kraft ihrer Umwelt sind. Ich glaube, es herrscht während bestimmter Mondphasen eine verstärkte Stoffwechselaktivität bei gewissen Fischarten. Auf Grund dieser Stoffwechselerhöhung verbrauchen die Fische mehr Energie, woraufhin sie hungrig werden. Natürlich werden sie viel besser beißen, wenn sie hungrig sind und so ungefähr auf alles Appetit haben.

Im Gebiet von Miami, wo ich lebe und praktiziere, fahren die Garnelenfischer jeden Vollmond in Scharen hinaus. Es läßt sich voraussagen, daß die Garnelen an diesem Termin zur Wasseroberfläche emporsteigen, um zu fressen. Die Brücken sind überlaufen von ganzen Familien mit Netzen, und Tonnen von Garnelen werden gefangen.

* Montauk ist die Ostspitze von Long Island, der »Langen Insel«, auf deren Westende ein Hauptteil von New York liegt (d. Übers.).

Untersuchungen an Tieren haben gezeigt, daß Bewegungsaktivität, Stoffwechsel, Aggression und Sexualverhalten mancher Tierarten sich bei Neu- und Vollmond ganz ungewöhnlich verstärken. Raubtiere wie der Wolf sind aktiv bei Vollmond. Diese Tatsache ist Pelztierjägern gut bekannt.

Wir verfügen heute über einen Bestand an wissenschaftlicher Literatur, die den Einfluß von Sonnen- und Mondperiodizitäten auf Aussaat, Wachstum und Ernte von Getreide behandelt. In vielen Teilen der Welt, Amerika miteingeschlossen, gibt es Farmer, die beim Pflanzen die Mondphasen beachten, auf die man immer und überall zurückgreifen kann. Dies Verfahren wird sowohl von Agrarwissenschaftlern als auch von modern oder traditionell eingestellten Farmern für seriös gehalten. Volksmeinung und wissenschaftliche Forschung haben sich aufeinander zu bewegt. Die Jahrbücher der Farmer enthalten Anweisungen für mondphasengerechtes Säen und Ernten. C. R. Trowbridge, Herausgeber von »Des alten Farmers Almanach« (1. Jahrgang 1792), schreibt mir, man nehme an, daß Pflanzen, die Früchte über dem Erdboden tragen, kräftiger bei zunehmendem Mond wachsen, solche mit Bodenfrüchten aber besser gedeihen, wenn sie bei abnehmendem Mond gepflanzt sind.

Wenn wir Beispiele des Mondeinflusses von so vielen verschiedenen Seiten des Alltagslebens erhalten haben, müssen wir uns fragen: »Ist da irgend etwas Richtiges an diesem ›Altweibergeschwätz‹?« Meine Untersuchung der Beziehung Mond–menschliche Aggression hat in vielem davon einen Wahrheitsgehalt ergeben.

Glauben und Überlieferungen, daß der Mond das Leben beherrsche, tragen wenig zur genauen Erklärung bei, wie die verschiedenen Wirkungen zustande kommen. Fragen nach der Ursache können noch nicht erschöpfend beantwortet werden. Sogar die Herkunft unseres Nachbargestirns bleibt geheimnisvoll verhüllt. Einige Wissenschaftler glauben, daß der Mond einst ein Teil der Erde selbst war. Nach dieser Theorie wurde der Mond (Durchmesser: 3476 km; Gewicht [eig. Masse. D. Übers.] 73500000000000 Millionen Tonnen) aus der Oberfläche der Erde herausgerissen und hinterließ die jetzt mit Wasser gefüllte große Wanne, genannt Pazifischer Ozean. Der Mond ist tatsächlich von etwa derselben Dichte wie das Oberflächengestein der Erdkontinente dort, wo er weggerissen worden sein soll. Aber welche sintflutartige Kraft könnte für ein Ereignis verantwortlich gewesen sein, das einen Weltkörper zerriß? Niemand ist mit einer vernünftigen Deutung gekommen.

Eine andere Schulmeinung vom Ursprung des Mondes – ihre Fahne hält der Vertreter einer unorthodoxen Weltentstehungslehre Immanuel Velikovsky hoch – behauptet, der Mond sei von der Erde eingefangen worden. Aber wenn der Mond ein vorüberziehender Planet war, woher kam er? Wie wurde er eingefangen? Warum stieß er nicht mit der Erde zusammen?

Auf welche Weise hier auch ein mittlerer Abstand von 384700 km zu unserem Planeten entstanden ist, der stets abwechselnd ein wenig von rechts nach links und zurück pendelnde Mond beeinflußt die Aktivität auf der Erde. Wie können wir die Frage angehen, wo und wie der Mond in unser Leben tritt? Wo soll man am besten anfangen?

Der Mondglauben ist über die ganze Welt verbreitet. Er wurde über alle Zeiten hinweg weitergegeben. Der Mythologe und Dichter Robert Graves hat dargestellt, daß der Kult der Mondgöttin einmal über ganz Europa verbreitet war und erst später von großen Religionen, zunächst vom Heidentum, darauf vom Christentum, ersetzt wurde. Wie zäh sich die Mondverehrung hielt, kann man an ihrem Fortbestand erkennen. Sie ist seltsamerweise zuweilen mit christlichem Gedankengut vermischt. Ein Historiker »berichtete, daß noch die alten Iren im Angesicht des Neumondes hinknieten und das Vaterunser beteten«. Manchmal war der Mondkult ein erschreckender Rückfall in überlebte Anschauungen: »... 1453 wurden ein Schlächter und ein Handlanger zu Standon in Hertfordshire wegen der Behauptung angeklagt, es gäbe keinen Gott außer Sonne und Mond« (Zitate des Historikers Keith Thomas).

Solche Vorstellungen schließen eine gewisse Weltordnung ein. Indischer Mondglaube überliefert uns, daß Krankheit sich an Tagen von Voll- und Neumond verschlimmert und daß die, denen es wirklich schlecht geht, an diesen Tagen wahrscheinlich sterben werden. Die Inder berichten, verschiedene Insekten- und Reptilienarten werden während gewisser Mondphasen giftig (diese ungewöhnliche Erscheinung sollte eines Tages an Hand von Tierversuchen belegt werden). Die Inder glauben auch, daß einige Heilpflanzen während gewisser Mondzeiten kräftigere Heilwirkung haben als gewöhnlich. Eine besondere Pflanze, zu Vollmond gepflückt, soll gegen Asthma wirksam sein. (Im Kapitel 10 werden wir sehen, wie die moderne Psychiatrie auf dem Wege zu einer Berücksichtigung planetarischer Zeitverhältnisse bei der Durchführung einiger Behandlungsmaßnahmen fortschreiten könnte.)

Die Beziehung zwischen Mond und Geisteskrankheit bildet ein bedeutsames Kapitel des Mondglaubens. In Indien ergab zum Beispiel eine Studie der Christlichen Medizinischen Hochschule in Vellore, daß 58 % der Bevölkerung überzeugt waren, der Mond übe Einfluß auf Geisteskrankheiten aus; wenigstens noch 10 % würden eine »Weise Frau« aufsuchen, um eine Geistesstörung behandeln zu lassen. In Island wird gesagt, daß, wenn eine schwangere Frau beim Sitzen das Gesicht dem Mond zukehrt, ihr Kind mondsüchtig wird. In Brasilien verbergen die Mütter ihre neugeborenen Kinder, um das Mondlicht an einer Einwirkung zu hindern. Eine psychiatrische Untersuchung in den USA zeigte, daß Anfälle manisch-depressiven Irreseins in Abhängigkeit vom Mondlauf stehen können.

Die Kraft des Mondes berührt oft die Schattenseite der menschlichen Seele. Obwohl die Mondgöttin als wohltätig und als Born der Fruchtbarkeit betrachtet wurde, war sie recht blutdürstig. Anat, Mondgöttin der phönizischen Sage, wurde oft zum Berserker und tötete zum Vernügen. Was blutrünstige Taten angeht, wird Kali Ma, eine schwarze Hindu-Mondgöttin, nicht übertroffen. Sie war bekannt als die »Schwarze Mutter« und trug Leichen als Ohrgehänge, und ihre grausige Halskette bestand aus menschlichen Schädeldecken. In der griechischen Mythologie waren Erdbegleiter nicht nur die keusche Göttin Artemis, sondern auch die schreckenverbreitende Hekate. Sie beherrschte die Stürme und war die Schutzheilige der Hexen. Wir feiern immer noch ihr Fest, den Allerheiligen-Abend.

Alte Völkerschaften wußten, wie uns ihre Sagen deutlich machen, daß es eine Verbindung zwischen Mond und Gewalttätigkeit gibt. Diese Beziehung findet sich überall in der Welt in Gestalt der Werwolfslegende. Wo immer der Wolf umherstreifte, hat man schauerliche Geschichten von Männern und Frauen erzählt, die Wolfsgestalt annahmen und Vieh und Menschen rissen. Obwohl Berichte von einer wirklichen körperlichen Verwandlung von den meisten bezweifelt werden, ist zu bedenken, daß eine so verbreitete Legende ein Stück wichtiger kultureller und mit dem Verhalten in Zusammenhang stehender Wahrheit wiedergeben muß. Hinzu tritt eine sehr reale physiologische Grundlage für einen gewissen Grad von Umwandlung der menschlichen Erscheinung zur Vollmondzeit (s. Kapitel 7). Meiner Untersuchung der Mondperiodizität der menschlichen Aggressivität bietet die Werwolfslegende einen passenden kulturellen Hintergrund, weil sie die Gewalttätigkeit mit dem Mond verknüpft.

Die meisten Wissenschaftler haben die Werwölfe als taugliches Forschungsobjekt wegen eines Vorurteils gegen alles, was mit magischer Verwandlung zu tun hat, völlig abgelehnt. Einige Historiker, Psychologen und Anthropologen haben sich mit der Sache beschäftigt, weil sie deren Bedeutung für die Darstellung einer Beziehung des Menschen zu seiner natürlichen Umwelt erkannten. Von diesen Autoren erfahren wir, daß die Lykanthropie – die legendäre Umwandlung eines Menschen in einen Wolf – als eine Form der Mondsucht, als eine vom Mond verursachte Geisteskrankheit angesehen wurde. Die Römer glaubten, die unheimliche Seelenverwandlung würde durch Verärgerung der Mondgöttin herbeigeführt. Es ist zu vermuten, daß die Theorie der Seelenwanderung aus irgendeiner Form des Mondkultes entstanden ist, der wahrscheinlich in altertümlichen Gesellschaften überall vertreten war. In ihren feierlichen Handlungen haben Priester und Medizinmänner stets die Symbolgestalt von Tieren angenommen. In solcher Weise entstand wahrscheinlich die Lykanthropie, weil der Wolf ein bedeutendes Symbol-Tier war.

Eine faszinierende Theorie hat der Psychologe Robert Eisler vorgestellt. Er vermutet, die Werwolfslegende stamme aus grauer Vorzeit, als die Menschen zu jagen lernten. Es ist ganz sicher, daß unsere Vorfahren nahrungsammelnde Vegetarier waren, die erst im Laufe ihrer Entwicklung Jäger wurden. Der Wechsel zur Jagd könnte von einer Veränderung in der Umwelt, etwa vom Einbruch einer Eiszeit bewirkt worden sein. Reichlich verfügbare pflanzliche Nahrung verschwand, als die Gletscher vorrückten, und das Jagen – blutig, bösartig und gewaltsam – wurde notwendig. Hat der Frühmensch auf diese Entwicklung wie auf ein traumatisierendes, seelisch verletzendes Ereignis reagiert?

Als die Menschen von den Umständen gezwungen wurden, zu Jägern zu werden – also die Lebensweise des Wolfes anzunehmen –, machten sie diesem Tier Konkurrenz. Mensch und Wolf stellten beide

Rentierherden nach, und jeder entwickelte Achtung vor den Jagdmethoden und -fähigkeiten des anderen. Es war unausweichlich, daß die Priester an der Kraftfülle des Wolfes mit Hilfe nachahmender magischer Handlungen teilhaben wollten. Mit diesen Riten wurde beabsichtigt, den Priester symbolisch in einen Wolf zu verwandeln, um das wertvolle Wissen dieses Tieres zu erlangen.

Die Verbindung wirkte gewiß auch in umgekehrter Richtung. Die Wölfe folgten den Lagern der Menschen und räumten unter ihren Resten auf. Auf diese Weise wurde der Hund aus Wolfsarten zum ersten Haustier.

Der Wolf wurde zum Sinnbild einer auf Fleischverzehr gegründeten Lebensweise, zu der unsere vegetarischen Vorfahren gezwungen wurden. Obwohl der Wolf im Verhalten gegenüber seinen Artgenossen eines der gütigsten und liebevollsten Geschöpfe ist, gilt er den Menschen als Sinnbild des Grausamen. In der Gemeinschaft mit dem Wolf, sowohl der konkurrierenden als auch der kooperierenden, d.h. beim Jagen mit Hunden, verlor der Mensch seine Humanitas, seine menschliche Haltung. Dieser geschichtliche Augenblick ist im menschlichen Gedächtnis verankert.

Es konnte der Aufmerksamkeit unserer Vorfahren nicht entgehen, daß der Wolf eine besondere Beziehung zum Mond besaß. Die den Mond anheulenden Wölfe mußten eine stete Begleitmusik für die die wilden Herden verfolgenden Menschen gewesen sein. Unter einem strahlenden Vollmond mochten die Wölfe durch ihr Heulen Verbindung untereinander halten und sich dann zur Jagd sammeln. Mondlicht verschafft dem nächtlichen Räuber einen großen Vorteil, und der Mensch beeilte sich, seinen scharfzähnigen Konkurrenten nachzueifern. (Ein Freund, der im Norden lebt, berichtet mir, sein wolfsähnlicher Hund mache sich in mondhellen Nächten auf, um zu jagen, und kehre völlig erschöpft, aber zufrieden, nicht vor dem Morgengrauen zurück.)

Wolfsmensch-Gebaren war eine geachtete, mit der lebenswichtigen Ausübung der Jagd verbundene magische Handlung. Wie kam es also, daß der Werwolf in der Volksmeinung eine entsetzenerregende Gestalt wurde, ein unnatürliches Monstrum? Mit einer weiteren Klimaänderung, mit dem Zurückweichen der Gletscher und mit der darauffolgenden Entwicklung der Landwirtschaft verringerte sich die Bedeutung des Jägers für die Lebenshaltung. Rinder als Haustiere folgten der Zähmung des Hundes, dem nun die Aufgabe zufiel, diese Rinder zu hüten. Dem neuerworbenen Geschmack am Fleisch konnte ohne Jagd entsprochen werden. Der Wolf wurde zu einer Plage, zu einem Räuber, der unter dem Viehbestand des Farmers oder der Nomaden seine Beute suchte.

Der Werwolf büßte seine Bedeutung als magisches Sinnbild von Überlebenstechniken ein. Robert Graves schrieb, im alten Arkadien stellten sich die Besitzer von Haustieren eine mehr in Übereinstimmung mit den Bedürfnissen ihrer Lebensweise veränderte Rolle des Werwolfs vor: »In der Sicht, der arkadischen Religion ist ein Mensch den Wölfen als Bote gesandt. Er wird für acht Jahre Werwolf und bringt die Wolfsrudel dazu, während dieser Zeit Herden und Kinder des Menschen in Ruhe zu lassen«. Diese Rolle wurde vielleicht vergessen. Der Wolf wurde der Feind der Zivilisation und der Werwolf aus der Gemeinschaft ausgestoßen. Er ist ein Urbild eines Ungeheuers, furchterregend, doch auch bedauernswert. Der Werwolf mahnt an die Abkehr des Menschengeschlechtes von der Humanität. Er ist das Wesen, das sich, wenn es die Wirkung des Vollmondes spürt, zu gut des Blutrausches der ersten Jäger entsinnt.

Wie weit sind Werwölfe Wirklichkeit? Einige Psychotiker, die sich als Wölfe sahen, handelten in ungezügelter und aggressiver Weise, indem sie rohe Speisen verschlangen, tobten und dabei menschlichen Kontakt vermieden und sich nicht um persönliche Bedürfnisse und Schutz vor Witterungsunbilden kümmerten. Berichte von derartigem Verhalten sind nicht ungewöhnlich. Ein Fall von solcher Lykanthropie wurde in der Amerikanischen Zeitschrift für Psychiatrie beschrieben. Eine 49jährige verheiratete Frau wurde bei Vollmond von ihrer Psychose befallen und hielt sich dann für einen Wolf und handelte auch so! Während dieser Zeiten unterlag sie heftigen homosexuellen Zwängen, fühlte sich sexuell erregt und gepeinigt und empfand unwiderstehliche zoophile* Triebe und masturbatorischen Drang. Dieser Zustand gipfelte in dem Wahn einer Verwandlung in einen Wolf. (Dieses Krankheitsbild sollte nach Ansicht der Autoren als mehrschichtiges Geschehen und nicht unter einer einheitlichen Diagnose gesehen werden.)

* zoophil = auf Tiere gerichtet (d. Übers.)

Aus Frankreich kommen viele Berichte von Menschen, die bei Neumond fähig sind, Wolfsrudel anzulocken und zu führen. Denen, die das Verhalten von wilden Hunden beobachtet haben, ist gut bekannt, daß ein Mensch als Leittier eines Rudels – wie bei Wölfen – anerkannt werden kann. Einige Leute haben Wolfsrudel aufgezogen.

Im Falle der Identitätsstörung einer Person, die »zum Werwolf wird«, ist es augenscheinlich, daß dort außer Sadismus andere seelische Gefühlskräfte für ihr gewalttätig-psychotisches Auftreten vorliegen. Der Betreffende entfremdet sich selbst der menschlichen Gemeinschaft und nimmt große Entbehrungen auf sich. Er bestraft sich selbst für persönliche Schuld, worum es sich auch immer handelt. In einem kulturgeschichtlichen Sinne könnte dieser Mensch für die Kollektivschuld seiner Rasse büßen.

Die Verknüpfung von Werwolfstreiben und Mond ist überkommen und angesichts der Vorliebe des Wolfs für den Mond leicht zu verstehen. Aber es bleibt eine mysteriöse Beziehung. Diese wird von meiner Arbeit auf dem Gebiete lunarer Rhythmen in der menschlichen Aggressivität erhellt. Sie hilft bei der Erklärung, warum die Werwolfslegende eine so bemerkenswerte Lebenskraft in der Vorstellungswelt der menschlichen Rasse besessen hat.

Sadisten unserer Zeit haben nicht ungern den geheimnisumwobenen Einfluß der Werwolfslegende ausgenutzt. Diese war in Deutschland weit verbreitet, und gewalttätige Nazis stellten in den zwanziger Jahren die Werwolf-Organisation auf. (Was ist bezeichnender, als daß Hitlers Spitzname »Wolf« war?) Zu Ende des Zweiten Weltkrieges nahm man an, die Werwolf-Organisation werde einen Guerillakampf gegen die Alliierten unterhalten, die Deutschland besetzten. Doch die Kämpfer hatten Mühe genug mit dem bloßen Überleben. Historische Rückwendung war ein Hauptgedanke der Nazi-Ideologie, und der Werwolf mit seinem Rückgriff auf einen urtümlichen und gewalttätigen Lebensgrundsatz gab ein passendes Beispiel, um die Ungeheuerlichkeit des faschistischen Regimes zu kennzeichnen.

Der Werwolf ist keineswegs der einzige vom Mond beeinflußte Übeltäter. Beispielhaft ist eine der bekanntesten Erzählungen um die Mondwirkung, der Fall von Charles Hyde, dem englischen Tagelöhner, der das Vorbild von Robert Louis Stevensons Charakterdarstellung »Jekyll und Hyde« war. Hyde wurde bei Neu- und Vollmond zu

Gewalttaten getrieben, die ihm »normalerweise« niemals in den Sinn gekommen wären. Hyde machte vor Gericht geltend, daß er wegen seiner Mondsüchtigkeit für seine Verbrechen nicht verantwortlich sei. Seine Einrede einer Mondsucht half nichts. Das Gericht verurteilte ihn 1854 zu Kerkerhaft. Damals wie heute können Gewaltakte unter Mondeinfluß nicht entschuldigt werden.

Betrachtungen zum Jekyll-Hyde-Thema sind spannend. Dr. E. A. Janino aus Lynn in Massachusetts deutet auf die Möglichkeit, daß sowohl »Jack the Ripper«, »der Aufschlitzer«, als auch der »Würger von Boston« an angeborener Mondsucht litten und vom Mondeinfluß zu ihrem barbarischen Tun getrieben wurden. Der teuflische New Yorker »Sohn des Satans« mordete in acht verschiedenen Nächten – fünf davon waren Neu- oder Vollmondnächte. Sarah Moore schoß während der Neumondszeit auf Präsident Ford. Die »Symbionische Befreiungsarmee« entführte Patricia Hearst zu Vollmond. Von April 1976 bis April 1977 geschahen (in San Francisco) bei Vollmond neun Selbstmorde durch Sprung von der »Golden Gate«-Brücke. Im August 1977 tötete ein Messerstecher in Hackettstown im Staate New Jersey sechs Fremde während des Vollmondes und beging dann Selbstmord. Ein Mann soll in Rockford, im Staate Illinois, seine sechs Kinder im Januar 1978 bei Vollmond abgeschlachtet haben.

Aus dem Albert-Einstein-Krankenhaus in New York wird berichtet, Neurotiker scheinen nicht besonders vom Mond berührt zu werden. Die Wirkung scheint auf diejenigen beschränkt zu sein, die höchstwahrscheinlich mit Recht als »mondsüchtig« bezeichnet werden. Natürlich bemerken normale Menschen oft die geheimnisvolle Wirkung des Mondes.

Der Mond hat Propheten, Philosophen, Ärzte, Astronomen und Dichter inspiriert:

> Der Mond hat immer bezaubert und versessen gemacht, mehr zu erfahren. Die ersten Beobachtungen des Mondes, sagte Flammarion, haben nicht weniger Aufsehen erregt als die Entdeckung Amerikas; viele sahen in ihnen eine andere Entdeckung einer Neuen Welt, viel interessanter als Amerika, weil sie über den Erdkreis hinaus führte.
>
> Thimothy Harley

... liebster Mann im Mond,
früher fürchtete ich das Mondlicht,
sah ich doch darin meine Mutter.
Erica Jong

Der Mond... ein Antlitz eigenen Gepräges,
Bleich wie Knochen und schrecklich verstört.
Er schleift die See hinter sich her wie eine düstere Schuld.
Sylvia Plath

Und steigt vor meinem Blick der reine Mond
Besänftigend herüber, schweben mir
Von Felsenwänden, aus dem feuchten Busch
Der Vorwelt silberne Gestalten auf
Und lindern der Betrachtung strenge Lust.
Goethes Faust

Da sind edle Früchte von der Sonne,
und edle reife Früchte der Monde,...
5. Mose 33; 14.

Richard Mead, ein bedeutender englischer Arzt des 18. Jahrhunderts, machte die folgenden Fallstudien unter Einbeziehung des Mondeinflusses auf den Gesundheitszustand verschiedener Personen:

Dr. Pitcairnes Fall ist bemerkenswert... morgens um 9 Uhr, in der genauen Stunde des Neumondes, bekam er plötzliches Nasenbluten nach einem ungewöhnlichen Schwächeanfall.

Daß Asthmaanfälle häufig periodisch sind und unter Einfluß des Mondes und auch des Wetters...

Von einem selteneren Effekt dieser Anziehungskraft berichtet der gelehrte Kirchringus. Er kannte eine junge, gebildete Dame, deren Schönheit von der Mondeinwirkung abhing, insofern als sie bei Vollmond sehr ansehnlich war und volle Züge besaß, aber bei abnehmendem Planeten so eingefallen und elend aussah, daß sie sich schämte, außer Haus zu gehen; erst die Wiederkehr des Neumondes gab ihr allmählich die Fülle ihres Gesichtes und ihre anziehenden Reize zurück.

Mit Dr. Mead glaubten so prominente Männer wie Robert Boyle, Francis Bacon und Henry More an die biologische Wirksamkeit des Mondes. Dr. Benjamin Rush, der Vater der amerikanischen Psychiatrie, erkannte und beschrieb die Beziehung zwischen Mondphasen und menschlichen Krankheiten, besonders Geistesstörungen. Im gesamten Verlauf der Geschichte wußten Ärzte und Naturforscher – Heraklit, Aristoteles, Paracelsus, Maimonides und viele andere – von der Verknüpfung des Mondlaufes mit dem körperlichen und seelischen Befinden. Anaïs Nin schrieb einmal: »Bei der Betrachtung des Mondes erlangte sie die Gewißheit von der durch Gefühlstiefe, Ausmaß und grenzenlose Vielfalt der Erfahrung bewirkten Weite der Zeit.«

Was wir vom Mond wissen, ist bedrückend, aber unbedeutend verglichen mit dem, was wir nicht von ihm wissen. Von der Frage nach seinem Ursprung bis zur Frage, wie er in unser Alltagsleben hineinwirkt, bleibt der Mond rätselhaft. Wenn wir schwierige Fragen stellen, müssen wir bedenken, daß bedeutungsvolle Zusammenhänge oft solange nicht entdeckt werden, bis besondere Wissensgebiete sich mitentwickeln. Die wichtige Rolle kosmischer Strahlen als Ursache von Mutationen* konnte nicht verstanden werden, bis die Disziplinen Sternphysik und Vererbungslehre bestimmte Entwicklungsstufen erreicht hatten. Verbindende Kräfte, die so schwach erscheinen, daß man sie als wirkungslos ansehen möchte, könnten sich tatsächlich als sehr kräftig erweisen, allerdings in einer unvermuteten Art. Schwache Kräfte dienen zum Beispiel oft als Auslöser für stärkere. Überdies können schwache Effekte, die rhythmisch und Resonanz erzeugend wirken, sich bis zu einem beträchtlichen Wirkungsgrad steigern. (Die Israeliten wendeten dieses Prinzip an und marschierten rhythmisch um die Stadt Jericho herum. Sie riefen eine Resonanzwirkung hervor, die die Mauern niederbrechen ließ.)

Kosmische Rhythmen, von oft geringer Stärke, aber regelmäßig und zeitlich dauerhaft, verfehlten nicht, unserer Umwelt und unserer Entwicklung ihren Stempel aufzudrücken. Wir dürfen die feinen Wirkungen solcher Kräfte nicht unbeachtet lassen: In vielen Fällen können sie sich als die Schlüssel zum Verständnis von Änderungen in den allgemeinen Lebensäußerungen erweisen. Unsere Auffassung vom Mondeinfluß bestätigt sich als solch ein Schlüssel. Die Türen, die wir aufzuschließen suchen, öffnen sich nach innen zur Seele und nach außen in den Kosmos – unermeßliche Bereiche des Unbekannten.

* Mutationen sind Veränderungen der Träger von Erbsubstanzen in den Körperzellen (d. Übers).

2. Mond und Mord

> So liegt der ganze Fehler an dem Mond;
> Er kommt der Erde näher, als er pflegt,
> Und macht die Menschen toll.
>
> Shakespeare, Othello

Shakespeares Einsicht in die Beweggründe menschlichen Verhaltens gibt seinen Charakteren eine Zeitlosigkeit, die ihr Überleben in der Literatur sichert. Othellos unsinnige Heftigkeit, mit dem »Fehler des Mondes« verknüpft, spiegelt eine allgemeine Anschauung aus der Zeit des Dichters und nimmt heutiges Interesse an der Rolle des Mondes bei der menschlichen Aggressivität vorweg. Obwohl es einen ansehnlichen Bestand an Hinweisen auf den Mondeinfluß gibt, ist das meiste davon persönlich gefärbt oder beruht auf Fallschilderungen, denen sorgfältige wissenschaftliche Durcharbeitung fehlt.

Polizeibehörden und Feuerwehren sind zu der Überzeugung von einer Beziehung zwischen Mond und Gewalttätigkeit gelangt; sie haben Unterlagen gesammelt, die ihre Beobachtungen bestätigen. Das Amt für Brandbekämpfung der Stadt New York fand Brandstiftungen bei Vollmond bis zu 100 Prozent vermehrt. Das Polizeipräsidium von Philadelphia verzeichnete einen Anstieg von Brandstiftungen und verbrecherischen Handlungen gegen Personen zu den Zeiten des Vollmondes. Von ähnlichen Erfahrungen berichten die Polizeibehörden von Los Angeles und Miami. Nach Aussage des Oberbrandinspektors Manuel Benitez wird in Phoenix die Feuerwehr in Vollmondnächten im Durchschnitt 25- bis 30mal öfter alarmiert.

Diese Berichte entstanden, ohne daß streng wissenschaftlich vorgegangen wurde; sie liefern deswegen keinen statistischen Beweis. Um die Wahrheit zu finden, muß man harte Tatsachen beibringen, die von statistischen Verfahren bestätigt werden können. Dies erfordert einen zähen wissenschaftlichen Spürsinn.

Ich begann, mich für den Mondeinfluß auf Grund persönlicher Beobachtungen der gleichen Art zu interessieren, die die Aufmerksamkeit vieler Menschen erregt haben. Während ich als Medizinstudent im Jackson-Gedächtnis-Hospital zur Ausbildung war, fing ich an, mich mit der Sache zu befassen. Bei meiner Tätigkeit auf der psychiatrischen Abteilung wurde meine Wißbegier von einer eigenartigen Verteilung von Ereignissen erregt. Ich bemerkte, daß es wiederkehrende Zeitabschnitte gab, in denen das Verhalten der Patienten mehr als gewöhnlich gestört war. Diese Perioden schienen ohne ersichtlichen Grund aufzutreten. Sie dauerten einige Tage. Die Patienten waren danach beruhigt, und auf der Abteilung kehrte wieder der Alltagsbetrieb ein. Ich konnte mich nur darüber wundern, was die unvermuteten Perioden einer Erregung unter den Patienten verursachte. Die Umstände hielten mich damals davon ab, etwas zu tun, um meinen Wissensdurst zu stillen, aber das Problem ließ mich in den folgenden Jahren nicht los.

Nach einem vierjährigen »Abstecher« als Arzt beim fliegenden Personal der US-Luftwaffe beschloß ich 1969, mich als Psychiater niederzulassen. Menschliches Verhalten wurde mein Hauptinteressengebiet. Nicht lange nachdem ich wieder eine Tätigkeit in der psychiatrischen Klinik aufgenommen hatte, registrierte ich erneut die unerklärlichen Perioden gestörten Verhaltens. Jetzt war ich entschlossen, die Ursache zu ergründen. Durch Befragen des Personals der Abteilung erfuhr ich, daß Schwestern und Pfleger mit diesen periodischen Ereignissen vertraut waren. Fast scherzhaft verlegten sie durchweg die Erregungszustände auf den Eintritt des Vollmondes. Weil ich nicht wußte, ob ich ihnen glauben sollte, fragte ich das Personal der Ersten-Hilfe-Station nach der Erscheinung. Auch sie bestätigten, sie hätten Zeiten unruhigen und seltsamen Verhaltens unter Patienten bemerkt, die während des Vollmondes zur Behandlung eingeliefert wurden. Polizei und Rettungsmannschaften gaben sich bei der Einlieferung von Patienten zur Ersten Hilfe die Klinke in die Hand.

Eines Tages brachte ich zögernd das Thema in der Unterhaltung mit einigen Klinikärzten zur Sprache. Sie berichteten mir, es gäbe periodisch akute Magengeschwürsblutungen und plötzliche epileptische

Anfälle auf den Stationen, und das Personal schriebe sie dem Einfluß des Vollmondes zu.
Ich war mir nicht sicher, wie ernst solche Betrachtungen zu nehmen waren. Nach einer gewissen Zeit war ich überzeugt, daß das Krankenhauspersonal mit vieljähriger Erfahrung tatsächlich glaubte, was es sagte. Das mußte es auch! Es hatte das Zusammentreffen launenhaften Betragens mit Vollmond zu oft beobachtet, um es in Abrede zu stellen.

Mein erstes Bemühen bei der Untersuchung erfolgte in Form einer Musterung der psychiatrischen Stationen. Konnten Veränderungen im sozialen Bereich die periodischen Störungen erklären? Ich überdachte, ob Wechsel des Personals, die Aufnahme besonders provozierender Patienten, auch das Wetter für das unruhige Verhalten verantwortlich sein könnten. Auf alle Fälle konnte nichts davon die Wiederkehr regelmäßiger Ereignisse bewirken. Konnte es tatsächlich sein, daß die erfahrenen Angestellten, die ich befragt hatte, im Recht waren? War der Vollmond wirklich der Grund für die mysteriösen Gefühlsausbrüche? Wenn ja, auf welche Weise?

Es schien mir weiterer Nachforschung wert zu sein, selbst auf die Gefahr hin, von meinen Kollegen verspottet und belächelt zu werden. Meine innerliche Einstellung drückte sich in dem vorurteilslosen Vorsatz aus: »Wenn es Unfug ist, wollen wir es widerlegen; wenn da etwas daran ist, wollen wir seine Gültigkeit beweisen.« Es schien mir sicher zu sein, daß im Falle positiver Untersuchungsresultate ein bedeutender Beitrag zur Gesundheitsfürsorge geleistet würde. Krankenhäuser könnten zum Beispiel das Personal im psychiatrischen Bereich zu den Zeiten erhöhten Bedarfs vermehren.

Was sich damit anbahnte, entwickelte sich zu intensivem Studium der Mondphasen als eines möglichen Faktors im gewalttätigen menschlichen Verhalten.

In der psychiatrischen Klinik der Medizinischen Fakultät der Universität von Miami hatte der Direktor Forschungsvorhaben zu billigen. Ich wußte, daß ein überzeugendes Untersuchungskonzept erstellt werden mußte. Nach Ansicht der meisten Wissenschaftler waren Arbeiten im Zusammenhang mit Aberglauben, Volkskunde und Mythologie törichte Zeitverschwendung. Ich nahm eine eingehende Durchmusterung der wissenschaftlichen Literatur vor, um zu erfahren, was auf dem Gebiet möglicher Mondwirkungen auf das Verhalten der Menschen erarbeitet worden war. Ich spürte mehrere Studien auf, die während der ersten Hälfte des zwanzigsten Jahrhunderts veröffentlicht wurden. Die Ergebnisse dieser Arbeiten waren uneinheitlich; einige Untersuchungen kamen zu positiven, aber ebenso viele zu negativen Resultaten.

Die augenfällig ausgewogene Verteilung zwischen positiven und negativen Ergebnissen schien die Folge eines sich wiederholenden Vorganges bei Veröffentlichungen zu sein: Sobald eine Arbeit herauskam, die einen positiven Zusammenhang zwischen menschlichem Verhalten und Mondzyklus beschrieb, folgte schnell ein anderer Beitrag, der die Erkenntnisse verwarf. Dies war mir ein erstes Anzeichen für das heiße Eisen, mit dem ich mich beschäftigte. Eine kritische Sichtung vieler Publikationen brachte Hinweise auf Mängel verfahrenstechnischer Art und in den Untersuchungsgängen. Es bedurfte unzweifelhaft hieb- und stichfester Beweise, um die Skeptiker zu überzeugen. Eine schöne Aussicht für mich.

Ich wußte, daß ich bei der Erforschung von Mondeinflüssen eher mit kleinen Auswirkungen als mit kräftigen, herausragenden Unterschieden zu tun haben würde. Das bedeutete, ich hätte ein außerordentlich großes Material genauer Angaben über einen langen Zeitraum zusammenzutragen. Wenn ich sinnvolle Beziehungen herstellen wollte, dann war ein Verfahren für die sorgfältige Auswahl gewalttätiger Verhaltensweisen unerläßlich. Darüber hinaus mußte ein Weg gefunden werden, um die Daten des auf die Sonnenzeit bezogenen Kalenders in Werte eines Mondzeitschemas umzuwandeln. Frühere Untersuchungen hatten grobe Verfahren angewendet, um diese Änderung zu vollziehen. Als ich 1970 das Forschungsvorhaben begann, erleichterten es glücklicherweise die astronomische Technik und moderne Rechenanlagen, eine zweckgemäße und präzise Umwandlung vorzunehmen.

Ich suchte nach einer veränderlichen Größe, mit deren Hilfe ich gewalttätiges Verhalten einschätzen konnte. Ich benötigte ein Maß, das ohne Schwierigkeit eine Einteilung zuließ und statistisch zuverlässig zu handhaben war. Um das gesammelte Material auswerten zu können, brauchte ich ein einfaches und ordentliches statistisches Verfahren zur Deutung der Beobachtungsergebnisse.

Während ich diese Vorbedingungen erwog, stieß ich zufällig auf einen Artikel im »Herald« von Miami. Er berichtete von einem Forschungsvorhaben der Meteorologen an der Universität von Miami, das den Mondeinfluß auf die Ausbildung tropischer Stürme und Hurrikans darlegte. Die Studie wurde auf weltweiter Basis durchgeführt. Neugierig geworden, trat ich mit einem der Forscher, Ronald Holle, in Verbindung. Er führte mich in das Gebiet der Meteorologie ein. Die Meteorologen verfügen über genaue Langzeitbeobachtungen, auf die sie ihre Arbeit gründen. Sie haben lange für möglich gehalten, daß der Mond das Wetter beeinflußt, und besitzen nun eine einfache Methode zur Messung und Beurteilung örtlicher Vorgänge nach der Mondzeit. Dieses Verfahren wurde später geändert und von meiner Untersuchungsgruppe benutzt. (Ich erfuhr auch, daß die Meteorologie eine atmosphärische Gezeitenbewegung zweifelsfrei belegt hat. Sie zeigt sich in Niederschlagsmengen und bei der Bildung von Stürmen.)

Ein Stockwerk über den meteorologischen Arbeitsräumen an der Universität von Miami befand sich das physikalische Institut. Herr Holle stellte mich dem Physiker und Astronomen Prof. Dr. Douglas Duke vor. Er war sogleich an meinen Ideen von Mondeinflüssen auf das menschliche Verhalten interessiert. Bereitwillig ging er darauf ein, mich in die Grundlagen der modernen Astronomie einzuführen. Seine Anregungen zusammen mit denen von Herrn Holle und von Tom Carpenter vom Bundesamt für Wasser und Luft in Washington leisteten mir hilfreiche Dienste bei der Ausarbeitung einer kompetenten Untersuchungsmethode für meine Forschung.

Ich zeigte meinen Vorschlag Dr. James N. Sussex, Direktor der psychiatrischen Klinik der Medizinischen Fakultät an der Universität von Miami. Ihm war das Vorurteil gegen die Untersuchung des Mondeinflusses auf menschliches Verhalten bekannt. Er ging auch bei entsprechender Mitwirkung ein gewisses Risiko für sein eigenes Ansehen ein. Immerhin war er in der Lage, den möglichen Nutzen gesicherter wissenschaftlicher Erkenntnisse zu sehen. Dr. Sussex ermutigte nicht nur und war hilfsbereit, er schoß auch das Startkapital für das Vorhaben aus dem Forschungsetat seiner eigenen Abteilung vor. Ohne seine Hilfe hätte meine Untersuchung niemals vorankommen können.

So ging ich, moralisch und finanziell gestärkt, frisch an meine Arbeit. Ich mußte eine Größe finden, um Gefühlsaufwallungen abzuschätzen. Wenn der Mond das Romantische, aber auch die Gewalt, ein heiter-leichtes Denken ebenso wie Gemütsaufruhr beeinflußt, wie können so verschiedene Erscheinungen exakt meßbar gemacht werden? Ich sah mich der Mannigfaltigkeit und der Verflochtenheit des menschlichen Verhaltens im allgemeinen gegenüber, ganz zu schweigen von der beträchtlichen individuellen Ausdrucksvielfalt (deswegen halten sich Monderzählungen so hartnäckig). Das menschliche Verhalten ist, als Ganzes gesehen, verwickelt und verworren, aber sonderbare Vorkommnisse haften in der Erinnerung.

Wir haben einfach kein passendes Verfahren, um das menschliche Verhalten zu messen. Die Experimentalpsychologie benutzt eine ganze Anzahl von Beurteilungsskalen für Merkmale des Verhaltens und Befindens. Allerdings sind diese Tafeln von den vorgefaßten Meinungen der Untersucher abhängig, die solche Unterlagen entwerfen, und von den Ansichten der Beobachter und der Auswertenden, die sie anwenden. Ich habe kein Zutrauen zu diesen Skalen. Wenn ein Beobachter nach bestimmten Verhaltensweisen sucht, dann wird er sie wahrscheinlich bald auch finden. Nichts ist einleuchtender als das. Ich war von Anfang an fest entschlossen, Beobachtungsirrtümer möglichst zu vermeiden.

Ich arbeitete mit Dr. Carolyn Sherin zusammen, die als Psychologin der Klinik über Erfahrungen in der Anwendung statistischer Methoden verfügte. Nach langem Suchen und Erörtern wählten Dr. Sherin und ich Mord zu unserer »Veränderlichen«, zu unserer Maßeinheit für gewalttätiges Verhalten. Mord ist eine Gewalttat und kann in den meisten Fällen ohne Schwierigkeit einer bestimmten Zeit zugeordnet werden. Die medizinische und rechtliche Begriffsbestimmung ist allgemein anerkannt. Wir brauchten nicht eine Art von Mord von einer anderen abzugrenzen, was eine Quelle von Irrtümern gewesen wäre. Wir mußten nur wissen, daß die Tat und zu welcher genauen Zeit sie geschehen war.

Das Anliegen der Bestimmung eines Zeitpunktes stellte eine ganz wesentliche Forderung an den Untersuchungsgang: Wir mußten die genaue Zeit für die Tat des Mordes in Erfahrung bringen. Der Zeitpunkt des Todes war nicht wichtig. Das Opfer kann Stunden, Tage oder auch Wochen nach dem Verbrechen sterben. Tatzeit heißt Angriffszeit und ist deshalb die entscheidende Veränderliche bei der präzisen Feststellung der Zeit eines Gewaltaktes.

Wir hatten das Glück, unsere Untersuchung in Miami führen zu können. Dr. Joseph H. Davis in Miami, Bezirksarzt von Dade, besitzt ein landesweites Ansehen wegen der pünktlichen und sorgfältigen Leitung seiner Dienststelle. Für sein umfassendes Archiv sammelt er, wann immer möglich, sowohl Tat- als auch Sterbezeit für alle gewaltsam herbeigeführten Todesfälle. Sein Material ist außerdem auf einer Datenverarbeitungsanlage gespeichert und für unmittelbare Nutzung abrufbereit. Diese vorzüglich geordnete Datensammlung befand sich wortwörtlich auf unserem eigenen Gelände – Dr. Davis' Büro liegt etwas abgelegen hinter der Klinik, der ich zugehöre.

Ich möchte noch einmal betonten, daß die Tatzeit von äußerster Wichtigkeit ist. Sowohl der Zeitverzug von Tat zu Tod als auch die Kontroverse um die zutreffende Feststellung der Todeszeit waren für unsere Untersuchungen unerheblich. Die zur Gewalttat führende Gefühlsaufwallung, die wir bearbeiten wollten, ist gekennzeichnet von der Zeit des Angriffs und der Verletzung. Dieses Merkmal machte außerdem unsere Studie einfach und genau.

Unsere Forderung, die Tatzeit zu erfassen, erleichterte unsere Bearbeitung nicht, als eine Wiederholungsuntersuchung für eine andere Gegend vorgenommen werden sollte. Wir wußten, daß wir unsere Nachforschungen anderswo zu wiederholen hatten, um den Erkenntnissen, die wir ableiteten, Gültigkeit zu verschaffen. Aus diesem Grunde entschieden wir uns, die Mordstatistik der Stadt New York zu verwenden.

Die größte Stadt unseres Landes zählt etwa zehnmal so viel Morde wie Miami und man konnte vernünftigerweise annehmen, die dort geführten Aufzeichnungen seien verläßlich. Doch leider kann man bei New York nichts voraussetzen. Die Stadt registrierte nicht die Tatzeit. Wir hatten also anderswo nach Daten, die so sorgfältig wie die des Bezirks Dade waren, Umschau zu halten. Wir entdeckten sie in Cleveland im Bezirk Cuyahoga von Ohio.

Nach Auslese der Mordfälle, für die der genaue Tatzeitpunkt nicht bekannt war, verfügten wir über 1887 Fälle eines 15jährigen Zeitraumes aus dem Bezirk Dade und über 13 Jahrgänge mit 2008 Fällen aus dem Bezirk Cuyahoga. Diese zwei Zusammenstellungen waren mehr als ausreichend.

Während wir irgendeinen Einfluß der Mondphasen auf menschliches Verhalten erwarteten, nahmen wir an, daß solche Effekte allerdings klein sein würden. Ein großes, sorgfältig erstelltes Erhebungsmaterial war nötig, um irgendeine Wirkung des Mondes zu bestätigen. Nach meiner Ansicht war es in vielen Arbeiten nicht geglückt, überzeugende Resultate vorzuweisen, weil sie zu kleines Untersuchungsgut oder zu kurze Zeitabschnitte verwendeten.

Wir gingen daran, die Daten der zusammengetragenen Fälle in Mondzeit umzuwandeln. Die Umrechnung war nötig, um eine Störung durch bekannte soziale Periodizitäten im menschlichen Verhalten zu vermeiden. Diese periodischen Ereignisse – Feiertage, Wochenenden, nächtliche Krawalle an Sonnabenden, blaue Montage, Ausgelassenheit an Lohntagen usw. – werden in den Ablauf der Zeit gemäß unserem normalen Sonnenkalender eingefügt. Hätten wir unsere Versuchsanordnung auf den Sonnenkalender bezogen, wären alle diese gesellschaftlichen Vorgänge klar zutage getreten. Aber sie hätten die eher schwächeren Wirkungen unserer natürlichen Umgebung, besonders die reinen Mondrhythmen, kaschiert. Wir mußten unsere Erkenntnis unabhängig von der Sonnenzeit gewinnen.

Die Meteorologen kamen uns zu Hilfe. Sie benutzten eine Zeiteinteilung, die sogenannte synodisch-lunare Dezimalskala. Dieser lunare Kalender hat natürlich nichts mit Sonnenauf- und Sonnenuntergang zu tun (oder im Sinne Backminster Fullers mit Sonnenhelle und Sonnendunkel). Mit der Benutzung eines Mondkalenders schlossen wir Irrtümer aus.

Die Mordfälle wurden in dieses auf die Mondzeit zugeschnittene statistische Schema eingetragen. Das verschaffte uns ein Bild der Häufigkeit von Morden in Abhängigkeit vom Mondphasenzyklus. Aber diese Darstellung wurde nicht zur statistischen Begutachtung herangezogen. Hierzu bedienten wir uns einer strengeren statistischen Bearbeitung. Wir summierten die Mordfälle, die in den Zeitabschnitten von 72, 48 und 24 Stunden vor und nach jeder Mondphase vorgekommen waren. Die Summe der Morde in jedem dieser »Zeitfenster« wurde darauf mit der rein zufällig zu erwartenden Anzahl verglichen.

Die Ergebnisse waren völlig überraschend! Die Mordrate im Bezirk Dade stand in auffallender Abhängigkeit vom Mondphasenmonat. Die Morde häufen sich bei Vollmond! Der Kurvenzug zeigt einen Tiefstwert bei Neumond, auf den ein Zweitgipfel unmittelbar nach dieser Phase folgt.

Es ist seit Keplers Zeit bekannt, daß die Anziehungskraft des Mondes bei Neu- und Vollmond am stärksten ist. Unsere Ergebnisse zeigen eine höhere Mordrate mit dem Anwachsen der Schwerkraft des Mondes bei Neu- und Vollmond am stärksten ist*. Unsere Ergebnisse als durch Zufall zu erwarten stand. Wir hatten statistisch gesichert, daß ein Zusammenhang zwischen Mondphasen und Morden gegeben war. Obwohl wir eine Beziehung bewiesen hatten, hatten wir nicht festgestellt, daß da eine ursächliche Wirkung vorlag.

Von unseren Resultaten wurden wir ermutigt, uns weiter umzusehen. Wenn wir die Mordrate des Bezirks Cuyahoga graphisch darstellten, ergab sich ein ähnliches Bild wie bei unserer Kurve von Dade – nur waren die Höchstwerte der Cuyahoga-Kurve nach rechts verschoben. Das heißt, sie lagen später als die Dade-Gipfelwerte. Sie trafen nicht mit Voll- und Neumond zusammen, sondern erschienen etwa drei Tage nach den Syzygien. Diese versetzten Maxima sind statistisch annähernd gesichert. Die uneinheitlichen Ergebnisse unserer Nachforschungen stellten schwierige, aber auch interessante Fragen. Die Cuyahoga-Studie brachte nicht die erwarteten prägnanten Verhältnisse, die wir bei der Analyse der Statistik des Bezirks Dade gefunden hatten. Aber warum sahen sich die Kurvenzüge ähnlich? Es schien, als ob da eine Art verborgener Beziehung vorhanden war. Konnte die Verschiebung der Cuyahoga-Maxima nach rechts eine Verzögerung der Mondwirkung darstellen, die auf die unterschiedliche geographische Lage zurückging?

Wir wissen, daß die vom Mond hervorgerufenen Gezeiten des Ozeans von Ort zu Ort Unterschiede aufweisen. Diese betreffen nicht nur die Zeit des örtlichen Eintretens von Ebbe und Flut, sondern auch den Tidenhub, d.h. den Unterschied des Wasserstandes zwischen Ebbe und Flut. Die Weite dieser Schwankung steht in Beziehung zur

* Die Gezeitenkräfte sind zu den Syzygien, d.h. zu Neu- und Vollmond, am stärksten. Ursache ist das während dieser Mondphasen gleichsinnige Wirken der Gravitationskräfte von Mond und Sonne, das ist hier im Text gemeint. Die Schwere des Mondes ändert sich mit dem Abstand des Mondes von der Erde, je näher der Mond der Erde kommt, desto größer der Schwereeinfluß. Erdnähe und Erdferne des Mondes treten einmal innerhalb von durchschnittlich etwa 27,5 Tagen ein, einem sog. anomalistischen Mondmonat (d. Übers.).

geographischen Breite. In der Gegend des Äquators wird gewöhnlich die Amplitude** des Wasserstandes in Zoll gemessen, während nahe den Polen ein Wert von 5 Fuß oder mehr erreicht werden kann. Wir fragten uns, welche Auswirkung die geographische Breite auf die Phasenlage von Mondrhythmen, d. h. auf die Einfügung der registrierten Schwankungen in den Mondmonat, haben mochte.

Örtliche Verschiedenheiten von Mondwirkungen kommen gleichermaßen bei Wetterbeobachtungen wie bei Tierstudien vor. Dr Frank A. Brown jr., ein Pionier auf dem Gebiet biologischer Rhythmen, führte

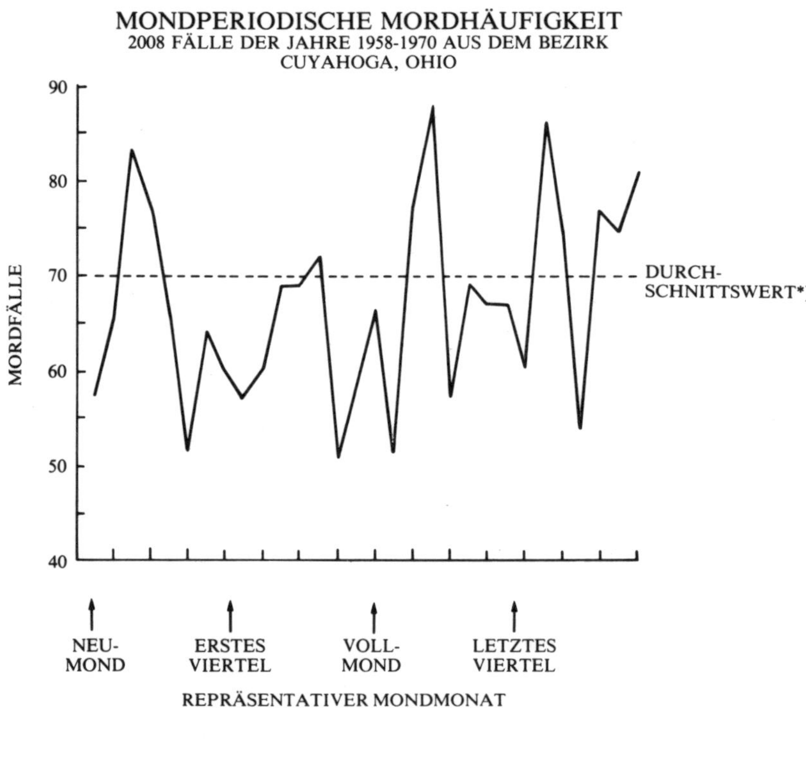

Mordfälle einer 13jährigen Periode aus dem Bezirk Cuyahoga, Ohio, in Abhängigkeit vom synodischen Mondmonat.

* Der mondtägliche Durchschnittswert sollte statt 70 genauer 67 betragen (d. Übers.).

** Amplitude ist die halbe Schwankungsweite (d. Übers.).

Untersuchungen an Tieren durch, die von außerordentlicher Bedeutung für unsere undurchsichtigen Ergebnisse waren. Dr. Brown studierte den Einfluß kosmischer Rhythmen auf die Lebensäußerungen einer Reihe von Pflanzen und Tieren auf seiner Forschungsstelle an der Nordwest-Universität in Evanston in Illinois. Er entdeckte eine Mondperiodizität in der Stoffwechselaktivität von Hamstern. Ordnet man seinen Kurvenzug der Hamsteraktivität den Mondphasen zu, so erhält man praktisch die gleichen verschobenen Höchstwerte, die wir bei graphischer Darstellung der Morde des Bezirks Cuyahoga gefunden hatten. Die Hamster drehten ihre Laufräder in Evanston, das hinsichtlich des Breitengrades (42 Grad nördl. Breite) ein Nachbar von Cleveland (41 Grad '30 nördl. Breite) ist. Die Zusammenhänge

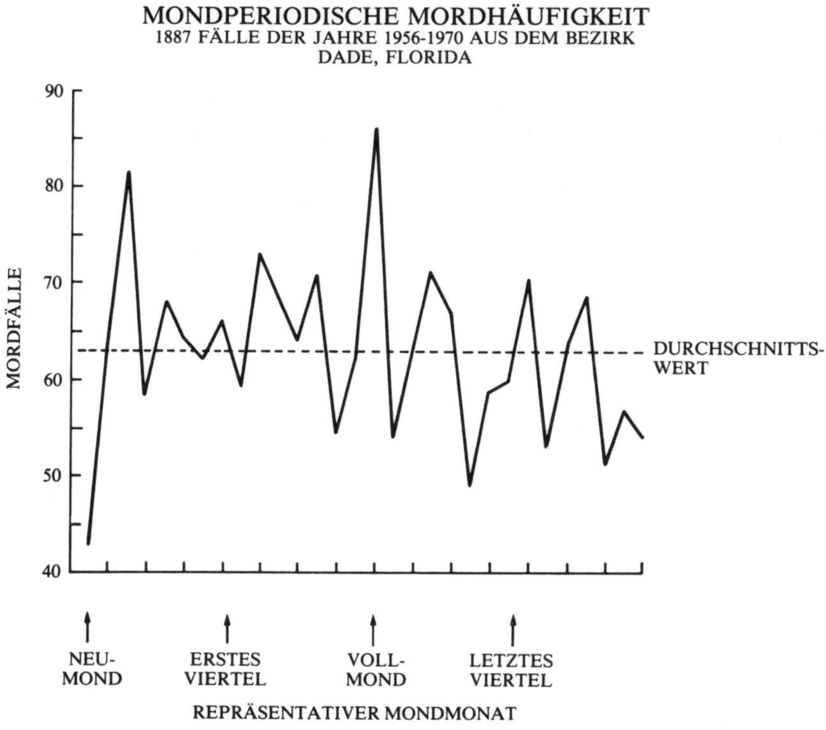

Mordfälle einer 15jährigen Periode aus dem Bezirk Dade, Florida, in Abhängigkeit vom synodischen Mondmonat.

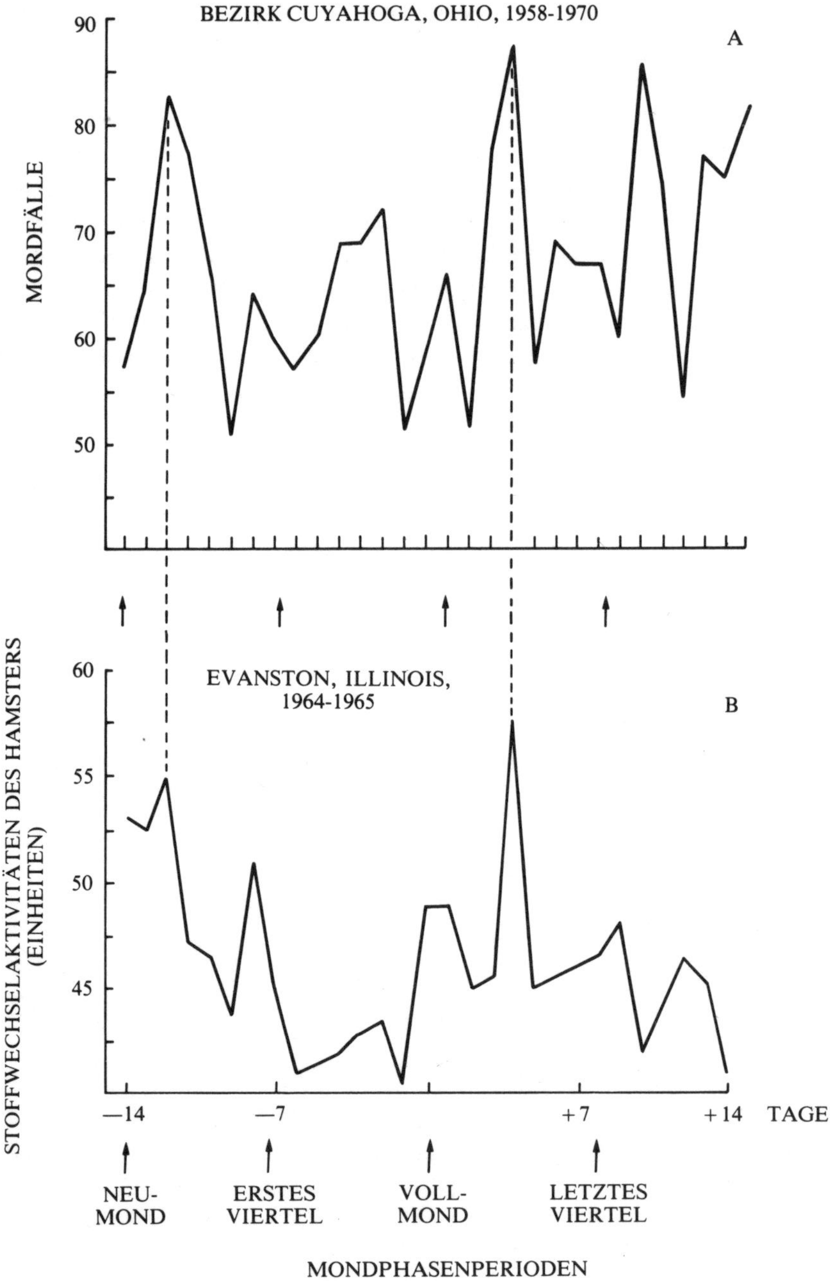

BEZIRK CUYAHOGA, OHIO, 1958-1970
A
MORDFÄLLE
90
80
70
60
50
EVANSTON, ILLINOIS, 1964-1965
B
STOFFWECHSELAKTIVITÄTEN DES HAMSTERS (EINHEITEN)
60
55
50
45
—14
—7
+7
+14
TAGE
NEU-MOND
ERSTES VIERTEL
VOLL-MOND
LETZTES VIERTEL
MONDPHASENPERIODEN

ließen uns vermuten, daß der Mond in Gegenden vergleichbarer Breite einen ähnlichen Einfluß auf die Aktivität von Mensch und Tier ausübt.

Wie konnten wir diese hintergründigen Parallelen verständlich machen? Wie konnte der Mond möglicherweise periodische Verhaltensänderungen hervorrufen?

Bei der Suche nach einer Antwort entwickelte ich die Theorie biologischer Gezeiten. Diese Theorie behandelt das Problem unter zwei Gesichtspunkten. Die erste Betrachtung versucht, die direkte Wirkung der Anziehungskraft des Mondes auf lebende Organismen zu erklären. Die zweite beschreibt den indirekten, durch das elektromagnetische Feld der Erde vermittelten Effekt des Mondes.

Die Theorie biologischer Gezeiten, die in Kapitel 9 entwickelt wird, ist bestimmt, einen Beitrag zu einem neuen Verständnis der Natur des Menschen im Verhältnis zu seiner natürlichen Umwelt zu leisten. Das Sonnensystem und auch das Weltall müssen nun als Teil unserer natürlichem Umwelt betrachtet werden.

Der Mensch kann, vereinfacht ausgedrückt, als ein Mikrokosmos angesehen werden, der wie die Oberfläche der Erde im Wesentlichen aus denselben Elementen und in ähnlichem Verhältnis aufgebaut ist. Dies steht in Einklang mit alten philosophischen und religiösen Grundgedanken, in denen man den Menschen als Spiegelbild des Kosmos ansah. Wir entdecken anregende wissenschaftliche Parallelen zu historischen Ideen. Wie die Oberfläche der Erde besteht der Mensch zu etwa 80% aus Wasser und zu 20% aus festen Stoffen. Ich glaube, die Anziehungskraft des Mondes nimmt in »konzertierter Aktion« mit den anderen Hauptkräften des Weltalls Einfluß auf das Wasser im menschlichen Körper – in deinem und in meinem –, wie auf die Meere unseres Planeten. Das Leben besitzt, wie ich glaube, vom Mond gesteuerte, biologische Hoch- und Niedrigwasser. Bei Neu- und Vollmond haben

Zu den graphischen Darstellungen auf Seite 46:
Vergleich der Mordhäufigkeit im Bezirk Cuyahoga (A) mit der von Dr. Brown in Evanston, Illinois, registrierten Hamsteraktivität (B). Cleveland liegt auf 41,30° nördl. Breite und 81,41° westl. Länge, Evanston auf 42,02° nördl. Breite und 87,41° westl. Länge. Das überraschende Zusammenfallen der Kurvengipfel im Verhältnis zur Mondphasenrhythmik ist beachtenswert.

diese Gezeiten ihren Höhepunkt, und der Einfluß des Mondes auf unser Verhalten ist am stärksten.

Das Wasser unseres Körpers ist auf drei große Bereiche – Compartments – verteilt. Der erste umfaßt das Gefäßwasser, also das Wasser im Blut. Es hat etwa die gleiche chemische Zusammensetzung wie Meerwasser. Daneben steht das extrazelluläre Wasser, das frei zwischen den Körpergeweben flutet und gewissermaßen die Zellen des Körpers »badet«. Schließlich gibt es den Wassergehalt der Zellen selbst, das intrazelluläre Wasser. Zwischen den drei Compartments gibt es einen freien Austausch von Wasser. Wenn wir Wasser trinken, füllen wir unser Körperwasser wieder auf. Wir scheiden Wasser aus, um einen Ausgleich zu schaffen und ein Aufschwemmen zu vermeiden. Die Fähigkeit, die Flüssigkeitsbilanz aufrecht zu erhalten, kann jedoch gestört werden. Eine Reihe von Veränderungen in Körpervorgängen kann eine Vermehrung von Wasser in dem einen oder anderen Flüssigkeitsbereich verursachen. Wenn zum Beispiel die Ausscheidung aufhört, auch für kurze Zeit, gibt es einen Stau von Körperwasser, der das System überlädt. Dies kann die Persönlichkeit verändern.

Ein Zuviel an Körperwasser bewirkt Gewebespannung, Schwellung und nervöse Reizbarkeit. Wenn die Schwerkraft des Mondes unseren Flüssigkeitshaushalt stört, ist das Ergebnis, daß wir angespannt und Gefühlsausbrüchen ausgesetzt sind. Ein bekanntes Beispiel der Auswirkung eines Staus von Körperwasser auf Nerven und Verhalten ist das prämenstruelle Spannungssyndrom. Stimmungsschwankungen und gesteigerte Reizbarkeit sind wohlbekannte Erscheinungen dieses Syndroms, das als Modell für die biologische Flut im menschlichen Organismus dienen kann. Während des Prämenstruums, der Zeit vor der Menstruation, nehmen Frauen die Einrichtungen für Erste Hilfe in Krankenhäusern häufiger in Anspruch, und man beobachtet bei ihnen einen Anstieg der Einweisungen in psychiatrische Kliniken und eine Zunahme der Verbrechenshäufigkeit.

Biologische Flut bringt »Sand ins Getriebe« des menschlichen Organismus. Es ist jedoch wichtig anzumerken, daß diese Fluten ein ungewöhnliches Verhalten nicht unmittelbar verursachen. Sie machen es nur wahrscheinlicher, daß es dazu kommt. Bei Personen, die schon zu abwegigem Verhalten und Gewalttätigkeit neigen, kann die biologische Flut als auslösender Streß für unberechenbare Ausbrüche wirken.

Kosmische Kräfte leisten oft verborgene Arbeit. In bestimmten Situationen setzen sie Energien unerwarteten Ausmaßes frei. Wir haben gesehen, daß in einigen Fällen Menschen gerade für einen entsprechenden Anstoß – in Gestalt der mondbedingten biologischen Flut – empfänglich sein können.

Unsere ersten Untersuchungsergebnisse erschienen 1972 im Juliheft der Amerikanischen Zeitschrift für Psychiatrie (American Journal of Psychiatry). Sie wurden von den Nachrichtenmedien aufgegriffen und in den Vereinigten Staaten und im Ausland verbreitet. Es war voraussehbar, daß die Öffentlichkeit begeistert reagierte. Unsere Untersuchungen bestätigten schließlich die allerorten vorhandene Volkserfahrung. Ich bekam haufenweise Post; darunter befanden sich persönliche, auf den Mond zielende Berichte. Die Haltung der meisten Wissenschaftler war unvoreingenommen und erwartungsvoll. Viele wollten von sich aus Untersuchungen in der Absicht beginnen, unsere Forschungsresultate erneut zu belegen und zu erweitern. Arbeiten, die unsere Erkenntnisse bestätigten, erschienen in der wissenschaftlichen Literatur. Verschiedene Doktoranden wählten unsere umstrittene Materie als Thema für ihre Dissertation.

Es gab allerdings auf Seiten der »hohen Wissenschaft« eine von Skeptizismus getragene Haltung, und wir warteten auf die unvermeidliche »wissenschaftliche« Studie, die unsere Erkenntnisse verwarf. Wir hatten nur zwei Jahre zu warten. Dr. med. Alex D. Pokorny und Dr. med. Jachimczyk veröffentlichten 1974 im Juliheft der Amerikanischen Zeitschrift für Psychiatrie einen Artikel mit dem Titel »Die fragwürdige Beziehung zwischen Morden und dem Mondzyklus« (The requestionable relationship between homicides and the lunar cycle). Sie verwerteten Statistiken, die aus Houston in Texas stammten. Weil sie keine statistisch signifikante Mondperiodizität in ihrem Material nachzuweisen vermochten, kamen beide zu dem Schluß, »die Wirkung der Mondphasen auf Mord, Selbstmord und Geisteskrankheiten sollte als Mythus betrachtet werden«.

Bei der Durchsicht ihrer Veröffentlichung entdeckte ich, daß Pokorny und Jachimczyk eine ungeeignete Untersuchungsgröße benutzten: die Todeszeit. Sie rechtfertigten ihre Bearbeitung der Todeszeit damit, daß bei 85 Prozent der Mordopfer im Gebiet von Houston geltend gemacht würde, sie wären innerhalb einer Stunde nach der Tat verstorben. Auch wenn das zutreffend wäre, bedeutete es doch eine Fehlerquote von 15 Prozent, die immer in die gleiche Richtung des Zeitablaufs geht (der Tod ereignet sich unabänderlich etwas später als die Tat). Jeder Statistiker wird bestätigen, daß solch ein Fehler die Ergebnisse einer Nachforschung niederknüppelt, die darauf angelegt ist, einen empfindlichen Effekt aufzudecken.

Um ein für allemal die falsche Überlegung zu demonstrieren, den Zeitpunkt des Todes als Veränderliche einzuführen, griffen wir noch einmal die Dade-Studie auf. Diesmal verwendeten wir die Todeszeit statt der Tatzeit als Maßstab. Wir arbeiteten ebenfalls das Material von Cuyahoga um und fügten eine Probeuntersuchung von 10000 Mordfällen aus der Stadt New York hinzu, bei denen nur die Todeszeit verzeichnet war. In keiner der drei Statistiken gab es eine signifikante, d.h. überzufällige Abweichung in den Mordzahlen. Mit anderen Worten: Gewalttaten zeigen einen lunaren Rhythmus, aber Sterbefälle sind entsprechend dem Zufall über den Mondzyklus verteilt.

Es war nicht überraschend, daß Pokorny und Jachimczyk beanspruchten, keinen Zusammenhang zwischen Morden und Mondzyklus gefunden zu haben. Öfter als man erwarten sollte, nehmen sich Wissenschaftler eher Arbeiten zur Bestätigung ihrer eigenen privaten Ansichten vor, als objektiv zu belegen, was vorliegt. Viele derartige Untersuchungen setzen auf ungeeignete Variablen oder unzweckmäßiges statistisches Material, unrichtige Zeitabschnitte oder es fehlt eine Nachuntersuchung. Solche Veröffentlichungen dienen nur dazu, Meinungsverschiedenheiten fortzusetzen und einen auf Lösung der drängenden wissenschaftlichen Aufgabe gerichteten Fortschritt zu hemmen. Es gibt ein deutliches Vorurteil gegen die forscherische Betätigung, die den Mondeinfluß auf das tägliche Leben darstellt.

Warum besteht das Vorurteil immer noch fort? Die Wissenschaft hat stets die leichtgläubige Hinnahme des Aberglaubens bekämpft. Diese Einstellung hat jedenfalls bei einigen dazu geführt, der Untersuchung jedes »unwissenschaftlichen« Glaubens eine Absage zu erteilen. Eine unbewußte Furcht vor der Beherrschung des Geistes durch Aberglauben mag hinter dieser Zurückweisung stehen. Wissenschaftler von heute sollten in der Lage sein, den Unterschied zwischen Erforschung eines Glaubens und leichtgläubiger Zustimmung zu erkennen.

Der Mondglauben mit seinen dichterischen und mythischen Überlieferungen gefällt dem nüchternen Verstand nicht. Wir können jedoch nicht länger den Kopf in den Sand stecken. Der Mond wird nicht verschwinden. Sein Einfluß wird nicht plötzlich aufhören, auf das Leben zu wirken.

Eine weitere Quelle des Vorurteils ist folgende: Ein guter Teil der Skepsis, die den Mondeinfluß auf menschliches Verhalten betrifft, entspricht der Tatsache, daß die westliche Wissenschaft der Zeit des Sonnenzyklus verhaftet ist. Diese Bindung bedeutet, daß die Gestaltung von Verhaltensstudien den regulären Monatskalender und die 24-Stunden-Zeit, mit denen wir leben, zur Grundlage hat. (Der Gregorianische Kalender ist ein Sonnenkalender.) Diese zeitliche Ausrichtung auf die Sonne übersieht Mondeinflüsse einfach deswegen, weil sie die Zeitgebung vom Mond nicht zur Kenntnis nimmt.

Die Mondzeit umfaßt andere Zeitabschnitte als die Sonnenzeit. Der Mondtag ist etwa 50 Minuten länger als der Sonnentag. Das heißt, daß ein hinsichtlich seiner Mondzeit festgelegtes Ereignis heute, sagen wir, um acht Uhr eintritt, morgen dann um acht Uhr fünfzig und am folgenden Tag um neun Uhr vierzig und so fort.

Meine Arbeit weist einen biologischen Rhythmus der menschlichen Aggression nach; andere Untersuchungen zeigen einen biologischen Rhythmus der menschlichen Sexualität. Bei beiden Periodizitäten wurde dargestellt, daß sie ein Abbild des Mondphasenzyklus bieten. Weil Aggression und Sexualität Grundtriebkräfte menschlichen und tierischen Verhaltens sind, können wir schließen, daß viele Bereiche der Lebensäußerungen die Verbundwirkung beider Zeiten, solarer und lunarer, erkennen lassen. Wenn die Wissenschaft dies allgemein als gegeben anerkennt, wird ein ganz erheblicher Teil früherer Beobachtungen aus dem einfachen Grunde entwertet, daß eine entscheidende Bezugsgröße – die Mondzeit – vernachlässigt wurde. Die Wissenschaft wird vielleicht diese Tatsachen ins Auge fassen und ihnen bei der Planung künftiger Forschung Rechnung tragen.

Es ist gut bekannt, daß Wissenschaftler sich bei der Nachuntersuchung von Verhaltensweisen Schwierigkeiten gegenüber sahen, die von unterschiedlichen Örtlichkeiten und ebensolchen Beobachtungszeiten herrührten. Ich glaube, das Versäumnis, die Mondzeit zu berücksichtigen, ist teilweise für die Schwierigkeit verantwortlich. Der Wissenschaftler, der viele Jahre der Verhaltensforschung gewidmet hat, kann für einen Gedanken unempfänglich werden, der ihm nahelegt, er hätte kein geeignetes Handwerkszeug für seine Untersuchungen besessen.

Wenn man das im Auge hat, war es keine Überraschung, daß Dr. Pokorny und Dr. Jachimczyk zu dem Schluß kamen, »die Wirkung der Mondphasen auf Mord, Selbstmord und Geisteskrankheiten sollte als Mythus betrachtet werden«. Ihre Aussage war kaum mit den Ergebnissen einer einzelnen Untersuchung zu rechtfertigen, in der eine ungeeignete Beobachtungsgröße benutzt wurde, die sich von der jener Arbeit, die es zu widerlegen galt, unterschied. Die Einstellung und die Wortwahl entsprachen denen eines wissenschaftlichen Dogmas, das jeder Änderung – gleichsam reflexartig – Widerstand leistet.

Es gibt eine neue wissenschaftliche Bestätigung des Vorhandenseins eines allgemeinen Mondrhythmus von gewaltsamen Todesfällen. Mit Unterstützung des Nationalinstituts für geistige Gesundheit (National Institute of Mental Health) fand Dr. Edward J. Malmstrom vom Wright-Institut in Berkley eine statistisch signifikante Mondperiodizität der Morde und Selbstmorde, die im kalifornischen Bezirk Alameda und im Bezirk Denver, in Colorado, während derselben fünfzehnjährigen Periode (1956–1970) – auf die sich die Untersuchungen von Dade und Cuyahoga bezogen – vorgekommen waren. Er benutzte die Tatzeit als sein Registrierungsmerkmal und hielt sich genau an meine Methode der Zeitbestimmung und berücksichtigte bei seinen statistischen Testen die Gegebenheiten. Dr. Malmstroms Arbeit, erschienen im Dezember 1977 in den Berichten des National Institute of Mental Health, stellt eine erfolgreiche und meine Erstuntersuchung bestätigende Wiederholungsbeobachtung an zwei zusätzlichen Orten dar.

3. Mond und Aggression

> Dämonische Raserei, trübsinnige Schwermut und mondsüchtige Tollheit
>
> Das verlorene Paradies.

Weil der Mond jedermanns Leben berührt, sollte es möglich sein, seinen Einfluß auf das Verhalten noch anderswo als bei den schwersten Gewalttaten nachzuweisen. Um den Bereich unserer Untersuchung bei Morden auszuweiten, entschlossen wir uns, Unterlagen für folgende mit Gewalt oder Zwang verbundene Vorfälle zusammenzutragen: Selbstmorde, schwere Körperverletzung, tödliche Verkehrsunfälle und psychiatrische Notfälle. Wenn wir auch hier das Vorkommen von Mondrhythmen belegen konnten, wäre unsere Vorstellung von einem lunaren Einfluß auf die menschliche Aggressivität unterbaut worden. Wir wünschten auch, unsere Annahme zu prüfen, ob lunare Effekte auf das direkte und indirekte Wirken der Schwerkraft zurückgehen. Deshalb mußten wir die Einwirkung von Mondperiodizitäten auf das menschliche Verhalten anders als in Abhängigkeit vom synodischen oder Mondphasenzyklus beobachten.

Der Mond umkreist die Erde alle 29,5 Tage*. Während des Umlaufs reflektiert er mehr oder weniger Licht von der Sonne. Während der Mond sich zwischen der Sonne und der Erde befindet, gelangt kein Sonnenlicht zur Erde. Diese Phase wird Neumond oder Schwarzmond

* S. Anmerkung S. 43. Die Periode von 29,5 Tagen umfaßt einen Umlauf bezogen auf die Sonne (d. Übers.).

genannt. Steht der Mond der Sonne gegenüber, sehen wir seine ganze Scheibe im Sonnenlicht, und es ist Vollmond.

Die Erde ist nicht der einzige Bezugspunkt für Mondumläufe. Dem Mond kommen tatsächlich etwa 400 Umlaufsgeschehen zu. Legen wir die Schwerkraft, die auf die Erde ausgeübt wird, zugrunde, dann sind die einzigen wesentlichen Mondumläufe: der synodische Mondmonat, der anomalistische Mondmonat, der Mondtag und der Finsterniszyklus*.

Weil Mond- und Sonnenfinsternisse nicht öfter als zweimal in jedem Jahr auftreten, ist es nicht angängig, ausreichendes statistisches Material zu beschaffen, um den Finsterniszyklus selbst zu begutachten. Es ist freilich möglich, den anomalistischen Mondmonat und den täglichen Mondrhythmus – den Mondtag – zu untersuchen.

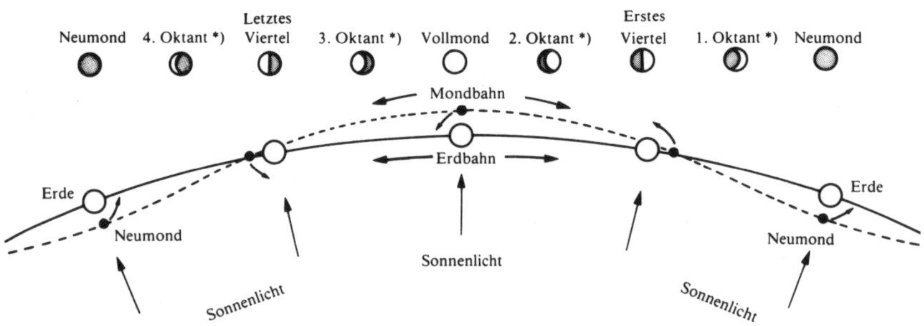

Erdbahn und Mondbahn während des Mondphasenmonats.

*) Oktant = (Mond-) Achtel.

* Der anomalistische Monat wird von der elliptischen Bahn des Mondes gegeben. Die Stellung der Erde in dem einen der beiden Brennpunkte der Ellipse bedingt eine stete rhythmische Änderung der Mondentfernung von unserem Planeten. Innerhalb eines Lunarmonats beobachtet man so einmal Erdnähe und einmal Erdferne des Mondes, indem dieser von der einen Abstandsposition zur anderen und wieder zurück pendelt. Der Mondtag entsteht in gleicher Art wie der Sonnentag, weil sich die Erde gewissermaßen auch unter dem Mond hinweg – und zwar von West nach Ost – dreht. Wegen der eigenen, gegenüber der Sonne schnelleren Fortbewegung des Erdbegleiters auf seiner Bahn – gleichfalls von West nach Ost – ist der Mondtag etwa zwölf Minuten länger als der Sonnentag. Während des scheinbaren täglichen Umschwunges des Mondes um unseren Planeten ändert sich der Gravitationseinfluß durch die wechselnde Beziehung eines Erdortes zum Erdtrabanten. Unmittelbare Folge dieses periodischen Vorganges ist der Gezeitenrhythmus (d. Übers.).

Das Apogäum – die Erdferne – bezeichnet die weiteste Entfernung des Mondes von der Erde und das Perigäum – die Erdnähe – die stärkste Annäherung an die Erde (dieser sog. anomalistische Mondmonat dauert 27,5 Tage). Weil die Schwerkraft sich mit dem umgekehrten Quadrat der Entfernung zweier sich anziehender Körper ändert, ist der »Zug« des Mondes im Perigäum erhöht. Die Zeiten für Apo- und Perigäum des Mondes finden sich in »Amerikanische Ephemeride und Nautischer Almanach«. Wir suchten die genauen Apo- und Perigäumszeiten für die 15-Jahresperiode, die unsere Studie umfaßte, heraus. Kleine Änderungen am Programm des Elektronenrechners erlaubten uns, unsere Mordzeiten in Abhängigkeit vom anomalistischen Mondmonat zu untersuchen.

Gravitationskräfte verbinden sich zu starker Einwirkung auf die Erde, wenn Neu- oder Vollmond – die sog. Syzygien – mit dem Mondperigäum zeitlich zusammenfallen. In dem 15jährigen Beobachtungszeitraum trafen Erdnähe des Mondes und die Syzygien 29mal aufeinander. Die Analyse der Mordrate, die zu den »Zeitfenstern« dieser 29 gleichen Konstellationen gehörte, brachte negative Ergebnisse. Es gab keine überzufällige Abweichung vom Erwartungswert.

Auf den ersten Blick scheint dies meiner Hypothese zu widersprechen. Hätten wir uns allein auf die statistischen Zusammenhänge verlassen, wäre das wohl ein tödlicher Schlag gegen die Theorie biologischer Gezeiten gewesen, und wir hätten nicht weitermachen können. Zum Glück beschränkten wir unsere Arbeit nicht auf den Computer-Bereich.

Während der 5 Jahre unseres Forschungsprogramms verfolgten wir ständig die örtlichen und überregionalen Nachrichtenmedien, und ich verbrachte persönlich viele Stunden im Büro des Medizinalstatistikers, um vermehrte gewaltsame Todesfälle zu registrieren. Im späten August 1970, kurz nach Beginn der Studie, gab es eine Welle von schrecklichen Morden im Gebiet von Miami. Gleichzeitig wurden viele brutale Verbrechen – einige von ihnen hatten sexuelle Motive – aus der Umgebung gemeldet. Ich fragte meine Ephemeride – die Tabelle, in der die Zeiten künftiger astronomischer Ereignisse verzeichnet sind – und fand, daß ein Zusammentreffen mehrerer kosmischer Geschehnisse stattfand. Vollmond, Mondperigäum und eine Finsternis waren miteinander verbunden, so daß Sonne, Mond und Erde hintereinander in einer Ebene standen und die Gravitationskräfte beträchtlich verstärkt waren. Die herbstliche Tag- und Nachtgleiche kam innerhalb der nächsten zwei Wochen und glich diese Gravitationsbeanspruchung aus. Während solch einer seltenen Häufung gleichgerichtet wirkender astronomischer Situationen werden unheilvolle Flutwellen an den Meeresküsten beobachtet. Ich nahm an, daß auch die biologischen Gezeiten davon berührt würden. Sie wurden es!

Die Mordrate stieg zu dieser Zeit des Schwerkraftstresses im Bezirk Dade signifikant an. Im September und Oktober 1970 war die Anzahl der Morde doppelt so hoch wie sonst im monatlichen Durchschnitt. Viele der Morde wurden in einer ungewöhnlichen, ausgefallenen Art begangen. Eine Möglichkeit, zu verdeutlichen, was geschah, ist, einige Beispiele vom Gepräge der dortigen Verbrechen anzuführen, die sich während jener Zeitspanne ereigneten.

Am 23. September 1970 arbeitete Socrates Johns, genannt »Shorty«, ein im Ruhestand lebender Rennfahrer, in dem Reifengeschäft seines Sohnes, als drei bewaffnete Männer eintraten und ihn überfielen. Obwohl unbewaffnet, leistete Herr Johns Widerstand. Durch einen Schuß wurde er verwundet. Er stürzte hinter dem Ladentisch hervor, jagte die Räuber aus dem Laden und verfolgte sie die Straße hinunter. Daraufhin drehte sich einer der Burschen um, schoß noch einmal und tötete den Mann.

Am Tag des Mordes an Johns verließ Gyorgy Virag mit drei Begleitern ein Restaurant, als sie sich zwei Männern mit einer Schrotflinte gegenübersahen. Einer rief: »Das ist ein Überfall.« Herr Virag schrie: »Ich werde meinen Revolver holen«, und lief zu seinem Auto. Er wurde von einem der Angreifer niedergeschlagen und in den Kopf geschossen.

Am nächsten Tage arbeitete die 23 Jahre alte Barfrau Debbie Oldham in der Casino-Bar, als zwei Männer hereinkamen und belegte Brötchen bestellten. Als einer der Männer plötzlich eine Pistole zog, reagierte Fräulein Oldham hysterisch, fuchtelte mit den Armen, lief umher und schrie gellend. Der aufgeregte Revolverheld traf sie mit vier Schüssen. Als drei der Opfer in eine kritische »Leben-oder-Tod«-Situation kamen, handelten sie so, als ob sie zur Gewalt gegen sich selbst einladen wollten. Es mag sein, daß der Schwerkraftstreß sich sowohl in selbstzerstörerischem Verhalten als auch in Gewalttätigkeit nach außen niederschlägt. Diese beiden Aktivitäten stehen sicherlich in Verbindung, wie die Tiefenpsychologie gezeigt hat.

Angesichts dieses offensichtlichen und jähen Anwachsens von Verhaltensstörungen beim Zusammentreffen dreier kosmischer Umlaufsgeschehnisse waren wir verblüfft. Warum war es uns nicht gelungen, beim gleichzeitigen Eintritt zweier solcher Situationen, Neu- bzw. Vollmond mit Erdnähe, vermehrte Mordtaten festzustellen? Dieser Umstand brachte eine entmutigende logische Unvereinbarkeit zum Vorschein. Könnte es sein, daß mehr als zwei astronomische Ereignisse verschiedener Mondzyklen zusammenfallen müssen, um einen deutlichen Anstieg der Morde zu bewirken?

Nach meiner Theorie sollten wir häufiger gewalttätiges Verhalten erwarten, sobald irgendeine Steigerung der Schwerkraft über das Normale hinaus vorkommt. Die Abhängigkeit der Morde von Neu- und Vollmond im Bezirk Dade bewies, daß eine einzige Mondstellung das Aufkommen von Gewalt verursachen konnte. Wie konnten wir die späteren widersprüchlichen Resultate erklären?

Den Ausweg aus diesem Dilemma fand ich während einer meiner Besuche auf der Forschungsstelle von Dr. Frank Brown in Evanston. Ich hatte Dr. Brown auf internationalen Zusammenkünften getroffen, und wir begannen eine zwanglose Zusammenarbeit, nachdem wir eine gleiche Ausrichtung unserer Forschungen bemerkt hatten. Dr. Brown studiert die Wirkungen geophysikalischer Kräfte auf die Lebensäußerungen von Pflanze und Tier. Ich durchmusterte die registrierte rhythmische Aktivität seiner Untersuchungs»gegenstände« auf eine Abhängigkeit von den Mondphasen. Kurven der Stoffwechseltätigkeit von Bohnen, Kartoffelkeimen und Hamstern wiesen eine regelrechte Periodizität mit Höhepunkten um Neu- und Vollmond auf. Während ich ein Diagramm der Hamsteraktivität betrachtete, wurde ich darauf aufmerksam, daß gelegentlich einer der Neu- oder Vollmondgipfel bedeutend herausragte. In anderen Fällen war einer der beiden Höchstwerte völlig zurückgebildet; die Aktivität hatte beträchtlich abgenommen.

Ich fragte Dr. Brown nach dieser Verschiedenheit, und er sagte mir, bei allen Organismen seien ähnliche rhythmische Antriebe und Beeinträchtigungen zu verzeichnen. Nach vieljährigen Beobachtungen hatte er den Schluß gezogen, daß die Lebewesen sich entweder in einem

Zustand positiver oder negativer Empfindlichkeit hinsichtlich ihrer natürlichen Umwelt befinden. Im Zustand positiver Reizverarbeitung wird jede bedeutende Umweltstörung eine Verstärkung der Spitzenaktivität mit sich bringen, negative Reizverarbeitung wird auf eine Umweltstörung mit einer Zeitspanne der Gegenläufigkeit reagieren, und der übliche Aktivitätsgipfel des Organismus ist dann nach unten gerichtet. Positive oder negative Empfindlichkeit schien eine Sache des Zufalls zu sein. Ein Organismus wird sich ungefähr für je eine Hälfte der Zeit in entweder dem einen oder dem anderen Zustand befinden.

Ich bin überzeugt, daß wir Menschen denselben Zuständen der Reizbeantwortung unterworfen sind. Es gibt keinen Grund anzunehmen, wir unterschieden uns von Pflanzen und Tieren in der Fähigkeit, Reize der Umwelt aufzunehmen (allerdings haben wir sicherlich mehr Möglichkeiten, auf sie zu antworten). Diese Mutmaßung würde deutlich machen, warum es mit einer einzigen Untersuchung nicht gelang, ein Anwachsen der Mordrate während gewisser Zeiten verstärkter Schwerkraftbelastung darzustellen. Es würde ebenso die außergewöhnlich seltsame Art der Verbrechen erklären, die in solchen Zeiten begangen wurden. Unausgeglichene Menschen, die sich im Zustand positiver Empfindlichkeit befinden, könnten in dieser Zeit dazu neigen, eine übermäßige Schärfe in der Art ihrer Gewaltausbrüche zu entwickeln. Gleichzeitig wird natürlich etwa die Hälfte der Bevölkerung in einem Zustand negativer Aufnahmefähigkeit sein; diese Leute würden ausnehmend ruhig und womöglich niedergeschlagen sein.

Viele Leute fühlen sich sehr gelassen und entspannt zu Neu- oder Vollmond. Einige halten diese Zeiten für höchst geeignet, sich mehr passiven Beschäftigungen wie nachdenklichen Betrachtungen zu widmen. Psychische Erscheinungen sollen bei Voll- und Neumond vermehrt oder verstärkt werden. Die Richtung der Reizantwort gibt ein deutliches Beispiel, wie der Verlaß auf Statistiken in die Irre führen kann. Wenn zu einer gegebenen Zeit die Hälfte der Bevölkerung erregt werden kann und die andere ruhig bleibt, wird die Zahl der Gewalttaten im Durchschnitt nicht wesentlich schwanken. Jene Vorfälle freilich, die sich zu den genannten Zeiten ereignen, neigen dazu, einen dramatischen Anstrich zu bekommen. Diese Vorstellung trägt zum Verständnis bei, warum wir es bei der Untersuchung des Mondeinflusses – aus statistischer Sicht – mit kleinen Auswirkungen zu tun haben.

SCHWERE KÖRPERVERLETZUNGEN UND SELBSTMORDE IN ABHÄNGIGKEIT VOM SYNODISCHEN MONDMONAT *)

BEZIRK DADE, FLORIDA

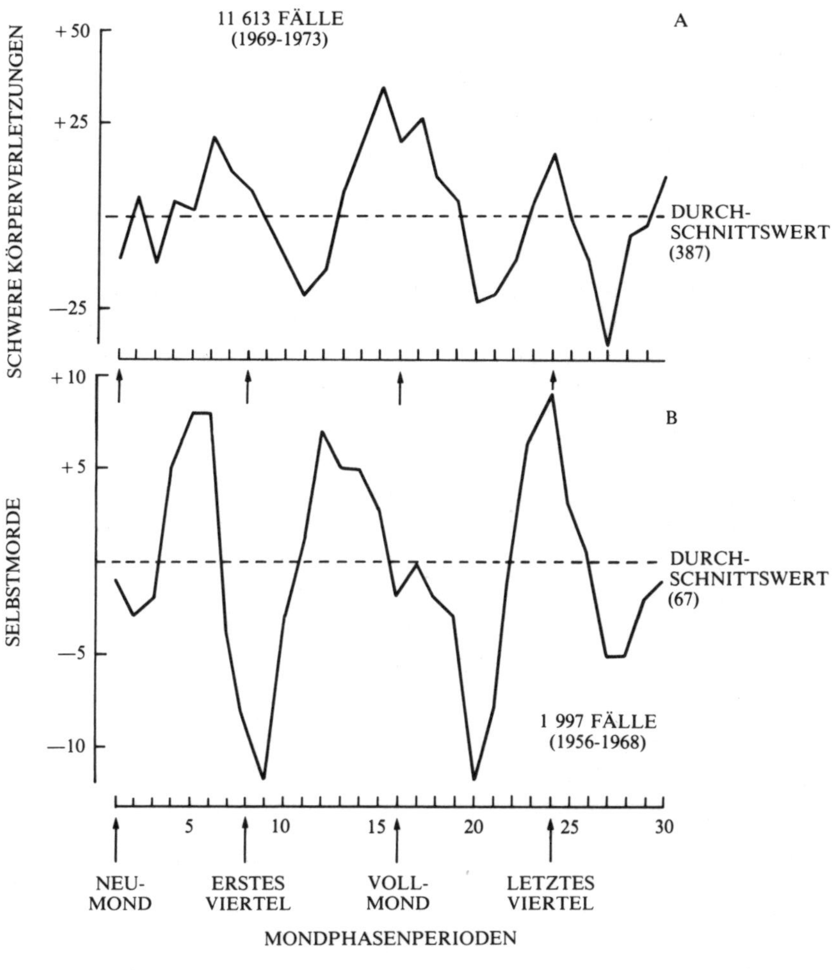

* Die Kurve wurde mit Hilfe laufender Mittelwertbildung über drei Glieder geglättet. Die errechneten Fallzahlen sind als Abweichungen vom Durchschnittswert angegeben. Die Ähnlichkeit beider Kurvenzüge im Verhältnis zur Mondphasenrhythmik ist beachtenswert.

Dr. Brown verläßt sich längst nicht mehr auf Statistiken als Beweismittel. Er hat viel größeres Zutrauen zu eingehenden, langfristigen Beobachtungen. Andere Untersucher von Mondeinflüssen stimmen Dr. Brown zu. Die Statistik vermittelt nur ein querschnittartiges Bild für einen Zeitaugenblick. Es ergibt sich ein statisches – den augenblicklichen Zustand beschreibendes – Abbild, das in keiner Weise die dynamische – von bewegenden Kräften erfüllte – Wechselwirkung zwischen Organismus und Umwelt wiedergibt. Statistische Methoden, die eine Periodizität sichtbar machen, sind nützlich, aber in ihrer Aussagefähigkeit begrenzt*.

Wir prüfen den Zusammenhang unserer statistischen Daten mit dem täglichen Mondlauf. Dieser Umlauf des Mondes um die Erde erzeugt während des Tages zweimal Ebbe und zweimal Flut. Er entsteht durch die Drehung der Erde um ihre Achse bezogen auf Mond und Sonne. Obere und untere Kulmination** bestimmen die zwei Zeiten jeden Tages, an denen der Mond ein Maximum an Anziehungskraft erreicht. Eine Untersuchung ergibt keinen Zusammenhang zwischen Morden und diesem Mondtag.

Mir wurde klar, daß der Mondphasenmonat den Schlüsselrhythmus für die biologische Zeiteinteilung bei Pflanze und Tier sowie bei den menschlichen Aktivitäten darstellt. Die anderen Mondperiodizitäten sind an und für sich von geringem Einfluß. Wenn allerdings eine oder mehrere von ihnen zu gewissen Zeiten zum Mondphasenzyklus hinzutreten, tragen sie zu den Mondwirkungen bei. (Die Meteorologen

* Auch bei allen Vorbehalten gegenüber statistischen Darstellungen ist ein wesentlicher Zusammenhang zu erläutern. Mit der Methode, aus statistischem Material Zeitreihen zu bilden, versucht man, dem dynamischen Geschehen Rechnung zu tragen. Faßt man diese Zeitreihen durch Übereinanderlagern von Untersuchungsintervallen – hier von Mondphasenmonaten – zusammen, dann treten wegen der ausgleichenden, zufälligen Verteilung unrhythmischer Ereignisse über die gesamte Zeit des Zyklusses die periodischen Effekte, also Anzeichen der Dynamik, stärker hervor. (In dieser Art sind natürlich auch die Summationskurven der untersuchten Vorgänge der Kapitel 2 und 3 dieses Buches gefertigt worden.) Entsprechend aufgezeichnete Periodizitäten und ihre mathematische Analyse haben überhaupt erst die absolute Gewißheit von der Existenz und einen Einblick in die dynamische Struktur der Mondphasenrhythmen vermittelt (d. Übers.).

** d. i. der höchste bzw. tiefste Stand des Mondes, der in unseren Breiten über der Erde beim Durchgang durch die Mittagslinie im Süden, unter der Erde beim Passieren der Mitternachtslinie im Norden erreicht wird (d. Übers.).

berichten von ähnlichen Beobachtungen. Die synodisch-lunare Periodizität ist der wichtigste Mondrhythmus bei der Bildung lunarer Effekte im Wettergeschehen.)

Wir entschieden uns, wie schon gesagt, unsere Untersuchung an Morden mit der Begutachtung anderen gewalttätigen Verhaltens zu erweitern. Wir erhielten aus dem Bezirk Dade die Listen der Fälle von schweren Tätlichkeiten, Selbstmorden, tödlichen Verkehrsunfällen und von psychiatrischen Notfällen. Der aggressive Charakter von Notfallbehandlungen ist umstritten; an unserem Material wurde bestätigt, daß 80 Prozent der Versorgten sich so verhielten, daß sie selbst oder andere gefährdet waren. Jeder Vierte hatte Selbstmord versucht.

Für unsere Studien an verschiedenen Verhaltensweisen trugen wir Daten zusammen, die Perioden von fünf bis zu 15 Jahren umfaßten. Mit einer Ausnahme wurden sie durchgearbeitet, um Fälle mit ungenauer Zeitangabe auszusondern. Die Ausnahme waren Selbstmorde. Gewöhnlich gibt es keinen Zeugen für den Selbstmord. Die Person wird einige Zeit nach dem Tod entdeckt; die Zeit der Tat wird bei Selbstmorden auf Grund der polizeilichen Ermittlungen und der Sektionsbefunde geschätzt. Wir hatten viele Fälle auszulesen, weil die Schätzungen offensichtlich nicht verläßlich waren. Wir bearbeiteten aber die sauber beurkundeten Suizide mit, weil ältere Untersuchungen von Selbstmordversuchen einen Mondeinfluß nachweisen.

Wenn wir jeden Typus von Verhalten in seiner Beziehung zum Mondphasenmonat überprüften, wurde in allen Fällen mit Ausnahme des Selbstmordes ein bezeichnender Zusammenhang gefunden. Trotz dieser Ausnahme steht zu vermuten, daß der Selbstmord eine gewisse innere Beziehung zu den Mondphasen hat, weil anderes zerstörerisches Verhalten eine scharf ausgeprägte lunare Periodizität aufweist. Die ungenauen Selbstmorddaten sind wahrscheinlich für die negativen Resultate verantwortlich. Eine bessere Methode zur Untersuchung der Selbstmordhäufigkeit muß ausgearbeitet werden.

Schwere Körperverletzungen, die im wesentlichen als gleichartige Delikte wie Mord angesehen werden, nur daß das Opfer überlebt, häuften sich um Vollmond. Kurz vor Neumond fand sich ein zweiter Gipfel. Beide Höchstwerte stimmten mit den Ergebnissen bei Mord überein. Gewalttätigkeit, die gegen andere gerichtet ist, äußerte sich unter deutlicher Bevorzugung der Vollmondzeit mit einer etwas geringeren Häufung um Neumond. Tödliche Verkehrsunfälle erreichen Höchstzahlen zwischen erstem Viertel und Vollmond und dann beim letzten Viertel. Psychiatrische Notfälle häufen sich um die Mondviertel und gehen zu Neu- und Vollmond deutlich zurück.

In einer früheren Bearbeitung von Aufnahmen in psychiatrische Kliniken schrieb Dr. Roger Osborne: »Wenn die Mondphase die Aufnahmen in psychiatrische Kliniken beeinflußt, kann irgendeine mondabhängige Störung nur dann als gewichtig genug angesehen werden, die Klinikaufnahme sicher herbeizuführen, wenn sie einige Tage bestanden hat. Unter diesen Voraussetzungen würden höhere Aufnahmezahlen der aktuellen Mondphase nachfolgen.« Wenn psychiatrische Notfallbehandlungen derselben Verzögerung unterlägen, würde das die für solche Ereignisse verschobenen Höchstwerte erklären.

Wir fanden, daß die in Beziehung zum synodischen Mondzyklus gesetzten schweren Körperverletzungen einen bemerkenswert ähnlichen Kurvenzug wie die Selbstmorde bildeten. Die beiden graphischen Darstellungen haben eine Neigung zu gleichem Verlauf über den ganzen Mondmonat hinweg. Dies legt nahe, daß gemeinsame psychodynamische Züge bei schwerer Körperverletzung und Selbstmord vorhanden sein möchten. Eine bescheidene Übereinstimmung zwischen Selbstmorden und tödlichen Verkehrsunfällen stützt die allgemein geteilte Ansicht, daß viele tödliche Unfälle als Selbstmorde betrachtet werden können. Selbstmord, Verkehrstod und schwere Körperverletzung erscheinen wohl als Verhaltensmöglichkeiten bei der Verwirklichung aggressiver Bestrebungen, die auf die eigene Vernichtung oder die anderer gerichtet sind. Diese Triebkräfte wurden zum regelmäßigen und ständigen Mondrhythmus in Beziehung gesetzt.

Unsere Untersuchungsergebnisse ließen nur einen Schluß zu: Es gibt eine Verknüpfung zwischen menschlicher Aggression und Mondphasenperiodizität. Aggressivität kann im Sinne Freuds als ein psychologischer Urtrieb angesehen werden, oder man kann sie nach der Auffas-

Zur graphischen Darstellung auf Seite 63:

* Die Kurve wurde mit Hilfe laufender Mittelwertbildung über drei Glieder geglättet. Die errechneten Fallzahlen sind als Abweichungen vom Durchschnittswert angegeben. Die Ähnlichkeit beider Kurvenzüge im Verhältnis zur Mondphasenrhythmik ist beachtenswert.

PSYCHIATRISCHE NOTFÄLLE UND TÖDLICHE VERKEHRSUNFÄLLE IN ABHÄNGIGKEIT VOM SYNODISCHEN MONDMONAT *)

BEZIRK DADE, FLORIDA

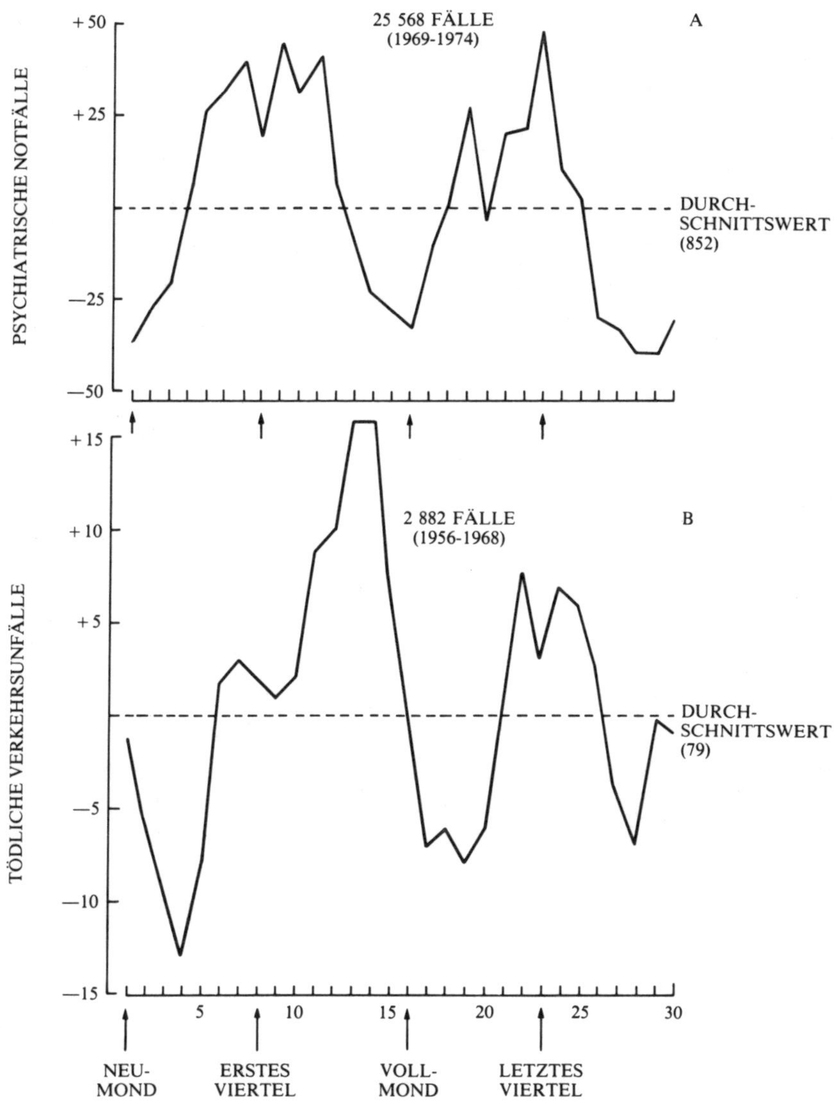

sung Konrad Lorenz' als eine angeborene biologische Funktion betrachten, die allen Lebewesen, einschließlich des Menschen, zukommt. In beiden Fällen war, wie bei allen Grundfunktionen des Lebens, zu erwarten, daß sich periodische Lebensäußerungen entwikkelten, bekannt als »biologischer Rhythmus«. Der Augenschein deutet auf einen etwa monatlichen biologischen Rhythmus der menschlichen Aggressivität, der das gleiche Schwingungsverhalten wie der Mondphasenzyklus erkennen läßt.

Die Resultate von vier späteren, unabhängigen Arbeiten über Mond und menschliches Verhalten bestätigten unsere Feststellungen. – Jodi Tasso und Elizabeth Miller von der psychiatrischen Abteilung der Edgecliff-Hochschule in Cincinnati berichteten 1976 in einer Veröffentlichung vom Auftreten von Notzucht, Raub, Körperverletzung, Einbruch, Diebstahl, Autodiebstahl, Angriffen auf Familie und Kinder, Trunksucht und Unsittlichkeit. In allen Fällen kam es zu Häufungen bei Vollmond. – Gerald N. Weiskott und George B. Tipton untersuchten in den staatlichen Kliniken für Gemütskrankheiten in Texas die Aufnahmelisten für eine neunmonatige Periode. Es gab signifikant mehr Zugänge während des Vollmondes als während des Neumondes. Die während jeder Lunarphase registrierten Neuaufnahmen wurden mit den zu erwartenden Zufallswerten verglichen. Vollmond und letztes Viertel hatten den größeren Anteil an neuen Patienten. – Sheldon Blackman und Don Catalina untersuchten für die Zeit eines Jahres die Notaufnahmen in ein städtisches Zentrum für Geisteskrankheiten von Staten Island in New York. Es fanden sich signifikant mehr Zugänge an Vollmondtagen als zu anderen Zeiten des Mondmonats. Beim Vergleich ihrer Ergebnisse mit gewissen Wetterfaktoren konnten die Herren Blackman und Catalina keine Beziehung zwischen der Sichtbarkeit des Mondes und der höheren Aufnahmerate zu Vollmond finden. – Klaus-Peter Ossenkopp und Margitta Ossenkopp entdeckten eine Mondperiodizität der Selbstverletzungen bei einer Gruppe weiblicher psychiatrischer Patienten, die in Kanada ambulant behandelt wurden.

Gestützt auf die Resultate unserer ausgedehnten Forschung und auf mehrjährige Erfahrung, waren wir in der Lage, eine Vorhersage von Zeiten mit Verhaltensstörungen zu wagen. Im Spätsommer 1973 stieß ich im wissenschaftlichen Teil des Magazins Time auf einen Artikel, in dem berichtet wurde, daß ein großes Zusammentreffen planetarischer Abläufe im Januar und Februar 1974 beobachtet werden und zu starken Springfluten führen sollte. Erde, Mond und Sonne ständen schnurgerade hintereinander, eine als Syzygium bezeichnete Stellung*, und der Mond befände sich im Perigäum, ungewöhnlich nahe der Erde. Dazu käme noch ein Perihel, während dessen die Sonne ihre größte Annäherung an die Erde erreichte. 1962 forderten ungewöhnliche Fluten 40 Todesopfer und Sachschäden in Höhe von 500 Millionen Dollar allein an der mittelatlantischen Küste. Der Ozean wurde von Stürmen mit Geschwindigkeiten bis zu 130 Stundenkilometern gepeitscht und erreichte fast drei Meter über dem mittleren Niedrigwasser. (Wir haben schon auf die dramatischen Folgen im menschlichen Verhalten beim Vorliegen einer ähnlichen Aufreihung von Himmelskörpern im September 1970 hingewiesen.)

Ich alarmierte meine Informationsquellen bei der Polizeiverwaltung von Miami, die örtliche Presse, die psychiatrische »Erste Hilfe« des Jackson-Gedächtnis-Krankenhauses und das Büro des Medizinalstatistikers des Bezirks Dade. Wir wollten versuchen, jedes Anwachsen von solchen Verhaltensweisen zu registrieren, die wir vorher untersucht hatten. In einem Brief an den Bezirksarzt, Dr. Joseph Davis, sagte ich eine allgemeine Unruhe im menschlichen Verhalten während der Periode der drohenden kosmischen Situation vorher: häufigere Inanspruchnahme der Einrichtungen für »Erste Hilfe«, eine Welle von Aufnahmen in psychiatrische Kliniken, eine Vermehrung von Unfällen aller Art und einen Anstieg der Selbstmordzahlen. Ich gab Dr. Davis den Hinweis, sein Augenmerk auf Mordtaten zu richten, deren Charakter von Ausgefallenheit und Brutalität bestimmt werde und auch solche einbeziehe, die das Opfer »selbst hervorrufe«. Ich wies auch auf die praktische Bedeutung des Experimentes hin: »... Wenn wir tatsächlich in der Lage sind, sogar seltene Zeiten einer allgemeinen Verhaltensunruhe vorherzusagen, haben wir womöglich in Zukunft etwas im Hinblick auf vorbeugende Maßnahmen beizutragen.«

Nachdem ich riskiert hatte, mich selbst mit einer schriftlichen Vorhersage bloßzustellen, erwartete ich ungeduldig das große Zusammentreffen von Gestirnsbewegungen.

* Vgl. die Bemerkung S. 43 (d. Übers.).

Und wirklich, alle Teufel waren los, zumal in den ersten zwei Wochen des Januars, als der Mond, gerade 250000 km entfernt, an der Erde vorbeizog. Die Weltmeere waren ungewöhnlich aufgewühlt. Am 8. Januar wurde Kaliforniens Küste von einer unglaublichen zerstörerischen, zur Zeit des Perigäums aufgetretenen Springflut verheert. Die Windrichtung verstärkte die Wirkung.

Zurück nach Miami: »Stadt-Polizei wegen stark erhöhter Mordrate betroffen«, lautete die Schlagzeile in den ›Miami-Nachrichten‹ vom 21. Januar. Der Blutzoll der ersten drei Wochen des neuen Jahres war dreimal so hoch wie im ganzen Januar 1973. Es entstand tiefe Beunruhigung bei der Polizei besonders wegen der Grausamkeit der meisten Verbrechen und in einigen Fällen wegen des Fehlens eines erkennbaren Motivs. Eine Auswahl von ausgefallenen und brutalen Ereignissen, die während dieser Zeit außergewöhnlicher kosmischer Belastung vorkamen, ist anschließend aufgeführt. Allein während der ersten zwei Januarwochen gab es neun brutale Morde in und um Miami:

In Orlando wurden zwei Polizeioffiziere bei zwei verschiedenen Vorfällen erschlagen. – Samuel Carson sprach mit zwei Freunden vor seinem Apartmenthaus, als plötzlich – und offenbar ohne Grund – zwei Schüsse aufpeitschten; einer verwundete ihn tödlich. – In der Nacht des Carson-Mordes wurde eine 70jährige Frau auf einem Friedhof in roher Weise verprügelt und vergewaltigt. Sie starb am nächsten Tag. – Ein 45jähriger Mann erstach seinen 25jährigen Sohn nach einem Wortwechsel. – Ein 75jähriger Landstreicher wurde am hellichten Tag auf einem verwahrlosten Gelände nahe der Innenstadt von Miami offenbar ohne Motiv mit einem Brett niedergeschlagen und ihm die Kehle durchschnitten. (»Es ist ungewöhnlich für einen Stadtstreicher, auf solche Weise umgebracht zu werden«, sagte ein Beamter der Mordkommission.) – Ein 32jähriger Arzt am Jackson-Gedächtnis-Krankenhaus wurde in seiner Dienstwohnung gefesselt, geschlagen und erwürgt. – Ein Mann erschoß auf dem Rücksitz eines Autos seine Frau und richtete dann die Schußwaffe gegen sich selbst. (Auf den Vordersitzen saßen die beiden Kinder des Ehepaares und des Mannes Schwager, der den Kraftwagen lenkte.)

Vorfälle übersteigerter und seltsamer Gewalttätigkeit waren in dieser Zeit kosmischer Kräfteballung natürlich nicht auf die Stadt Miami beschränkt. Unter den vielen gleichzeitigen brutalen Mordtaten in der

Welt waren auch die folgenden: In einer New Yorker Vorstadt entführten drei junge Burschen einen 14jährigen Jungen und forderten Lösegeld. Obwohl 15000 Dollar gezahlt wurden, erwürgten sie ihren Gefangenen. (Die Leiche des Jungen wurde in einem verschneiten Wald an einen Baum gebunden entdeckt.) – In Taos, im Staate New Mexico, brachte ein arbeitsloser Landarbeiter seinen vier Kindern Kopfschüsse bei. Drei starben. – In der brasilianischen Stadt San Joaquin öffnete eine Frau mit einer Machete den Brustkorb ihres zehn Monate alten Sohnes, um einen Dämon entweichen zu lassen. (Der Mord geschah in Anwesenheit der 14 anderen Familienmitglieder.) – In Wichita, im Staate Kansas, wurden vier Personen einer Familie in ihrer Wohnung ermordet. Jedes Opfer wurde schwer gefesselt und dann getötet. (Einem wurde eine Plastiktüte über den Kopf gezogen. Zwei wurden erwürgt. Das vierte hing an Bleirohren im Keller.)

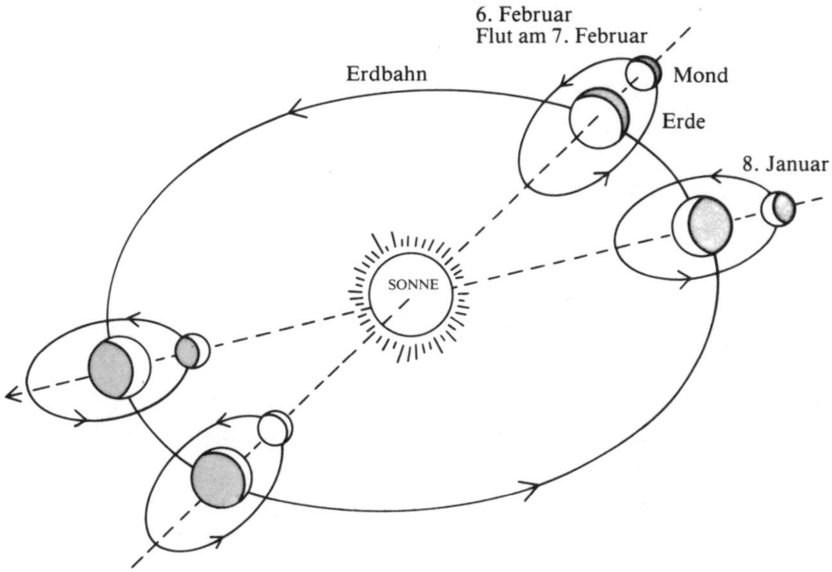

Aufreihung von Sonne, Erde und Mond, die 1974 zu den verheerenden Springfluten bei Mondnähe führte. Eine ähnliche Stellung wird 1990 und 1992 vorkommen.

Nicht nur Menschen waren von dem übermäßigen Gezeitenstreß betroffen. Ich erhielt Berichte, daß ein afrikanischer Wasserbüffel mit einem Gewicht von einer Tonne, der allgemein als gutmütiges und williges Tier bekannt war, Amok lief und einen Wildhüter mit den Hörnern durchbohrte und tottrampelte.

Glücklicherweise ist eine größere Häufung planetarischer Kräfte selten. Fergus J. Wood, ein Forscher am Nationalen Meeresvermessungsamt, berechnet, daß die nächsten entsprechenden Situationen im Dezember 1990 und im Januar 1992 entstehen werden. Wir haben eine lange Vorbereitungszeit.

Todesfälle aller Ursachen stiegen im Bezirk Dade während der Dreimonatsperiode von Januar bis März 1974 erheblich an. Psychiatrische Notfallbehandlungen vermehrten sich sprunghaft; im Januar lagen sie schon 35 Prozent über denen des Vormonats. Die Zahlen im gesamten dreimonatigen Beobachtungszeitraum zeigten sich gegenüber der entsprechenden Vorjahrsperiode um fast 40 Prozent erhöht. Aufnahmen in die psychiatrische Abteilung des Jackson-Gedächtnis-Krankenhauses erfolgten während der drei Monate etwa im gleichen Umfang; die täglichen Durchschnittszahlen lagen aber bedeutend höher als in der gleichen Zeit der beiden Vorjahre.

Wir waren nicht in der Lage, genau vorherzubestimmen, welche Art von Gewalttätigkeit stärker auftreten würde oder welchen Grad die Steigerung haben würde. Wir konnten dagegen eine allgemein aufzufassende Vorhersage einer massiven Unruhe auf Grund einer Ballung kosmischer Situationen machen.

Der Ausbruch von Gewalttätigkeit in den ersten drei Januarwochen 1974 wurde genau vorhergesagt. Ein »Nachhinken« der Gewalttätigkeit machte die statistische Untermauerung schwierig, wenn nicht unmöglich. Aus rein statistischer Sicht waren nur die Notfallbehandlungen überzufällig häufig. Jedenfalls wurden Dr. Davis, städtische Polizeibeamte und Pressevertreter, denen ich meine Vorhersage mitgeteilt hatte, von deren Genauigkeit überzeugt. Ein zukünftiges Frühwarnsystem vorbeugender Psychiatrie und Verbrechensbekämpfung war nun tatsächlich möglich.

4. Mond und natürliche Rhythmen

Und was den Umlauf dieser Himmelskörper angeht, so mag es recht wohl andere Ursachen geben, die hinter ihnen wirken. Das Ziel der Natur ist nun, den Anfang und den Ausgang aller Dinge nach den Rhythmen dieser Körper zu bemessen, aber die Natur kann dies nicht mit Genauigkeit zuwege bringen wegen der Unbestimmbarkeit der Materie und wegen des Vorhandenseins einer Vielfalt von Gegebenheiten, welche die natürlichen Prozesse von Werden und Vergehen behindern und so oft der Anlaß zu Dingen sind, die sich entgegen der Natur ereignen.

Aristoteles

Der Mond ist nichts
Als ein erdumrundendes Liebesmittel,
Die Welt mit göttlicher Unterstützung
Zu einer höheren Geburtenzahl anzuregen.

»Die Dame ist nicht fürs Feuer« 1948
Christopher Fry

Schon in alten Zeiten war den Menschen klar, daß das Leben ein rhythmischer Vorgang ist. Wie Aristoteles feststellte, laufen die Rhythmen des Lebens weder immer regelmäßig ab noch liegen sie stets offen zutage.

Einige der bekannten Periodizitäten, die in jüngerer Zeit untersucht wurden, betreffen den Schlaf-Wach-Rhythmus, die Nahrungsaufnahme, die körperliche Tätigkeit, das geschlechtliche und das Fortpflanzungsverhalten. Diese Zyklen sind für jedes Individuum einer Art vorhersagbar, auch wenn der genaue zeitliche Ablauf des Zyklus Unterschiede aufweisen wird. Wir alle kennen Leute, die eindeutig »Nacht«- bzw. »Tagmenschen« sind. Diese zeitliche Ordnung ist ein

Ausdruck ihres körperlichen Aktivitätsrhythmus. Ebenso sind Essenszeiten sehr verschieden. Manche verputzen ein opulentes Frühstück, andere ekeln sich schon beim Aufstehen am Morgen vor dem Essensgeruch.

In vergangenen Zeiten wurde der Zusammenhang dieser Zyklen mit den Bewegungen der Himmelskörper bemerkt und als hiervon abhängig gesehen. Die moderne Wissenschaft jedoch brauchte Zeit, um solche Periodizitäten zu verstehen und anzuerkennen. Berichte, die biologische Rhythmen belegen, wurden in den achtziger und neunziger Jahren des vorigen Jahrhunderts allgemein bekannt. 1898 veröffentlichte der dänische Nobelpreisträger Svante Arrhenius* eine Abhandlung vieler biologischer Rhythmen. Vor einigen dreißig Jahren bezeichneten Dr. Franz Halberg und seine Mitarbeiter von der Universität Minnesota biologische Zyklen als »zirkadiane Rhythmen«. »Zirkadian« bedeutet etwa von Tageslänge** und bezieht sich auf die tägliche Wiederholung vieler Rhythmen. Andere biologische Perioden wie der Menstruationszyklus laufen in längeren Zeiträumen ab. Wieder andere, wie etwa die Rhythmen, die sich während der normalen Schlafperiode vollziehen, sind von kürzerer Dauer. Rhythmen wurden in einer großen Menge menschlicher Körperfunktionen festgestellt: bei Temperatur, Herzschlag, Empfindlichkeit für Schmerz, Farbsehen usw. Sie bleiben auch bei Menschen bestehen, die sich in tiefe Höhlen begeben und monatelang dort gelebt haben. Der Mensch ist eine Sinfonie von Rhythmen und Zyklen.

Biologische Rhythmen können durch Einwirkungen wie Verletzung, Krankheit, Hitze, Kälte und das Wetter gestört werden. Der heute wohlbekannte Effekt der Zeitverzerrung als Folge von Überschallflügen ist ein Beispiel dafür, wie der normale Aktivitätsrhythmus von Reisen über große Entfernungen in Unordnung gebracht werden kann.

Kürzlich wurde die Entdeckung gemacht, daß vier Substanzen, Schweres Wasser, das Antibiotikum Dalinomycin, Alkohol und Lithium, biologische Rhythmen verschieben können. Es gelingt auch, Rhythmen mit Hilfe eines künstlichen Lichtreizes zu verlagern oder

* Der berühmte Astrophysiker wird auch anderswo als Däne bezeichnet, war aber Schwede (geb. 1859 auf Gut Vik bei Upsala) (d. Übers.).

** Zirkadian ist zusammengesetzt aus circa (lat. in der Nähe, ungefähr) und dies (lat. der Tag) (d. Übers).

gewissermaßen zu »verladen«, wenn die Versuchsperson gegen Sonnenlicht abgeschirmt ist. Trotz einer zeitlichen Verschiebung behalten Rhythmen ihren formgerechten Ablauf bei.

Sogar unter Laboratoriumsbedingungen und unter Ausschluß des Sonnen- und Mondlichtes findet man Sonnentagsrhythmen (24 Stunden), Mondtagsrhythmen (24,8 Stunden), Mondphasenperioden (29,5 Tage) und Jahresrhythmen. Weil diese Periodizitäten unter als konstant und nach außen abgeschirmt angesehenen Verhältnissen fortbestehen, vermutete man, daß sie in Abhängigkeit von irgendeiner Art innerer Uhr stünden. Die Mehrheit der Untersucher auf dem Gebiet der biologischen Rhythmen vertritt die Theorie der biologischen Uhr. Diese Uhr mit Selbstregulierung wird in all und jeder Zelle jedweden Organismus als irgendwie vorhanden betrachtet. Es heißt, daß die Uhr die Rhythmen des Einzelwesens hervorruft und sie unabhängig von äußeren Einflüssen aufrecht erhält. Bis heute ist es jedoch niemandem gelungen, den Ort des Mechanismus der mysteriösen und schwer zu fassenden biologischen Uhr zu bestimmen.

Für eine andere Theorie biologischer Rhythmen hat sich mein Kollege Dr. Frank Brown ausgesprochen, der als Hauptvertreter der Auffassung einer von außen kommenden Zeitgebung für biologische Rhythmen gilt. Er ist der Ansicht, daß die Rhythmen äußere Zeitzeichen aufnehmen, die von kosmischen Zyklen stammen. Kosmische Periodizitäten lösen in unserer Umwelt regelmäßige Schwankungen aus. Die menschlichen Umweltbeziehungen machen diese Rhythmen mit; der Auf- und Untergang der Sonne ist ein deutliches Beispiel für ein solches resonanzerzeugendes Geschehen. Ebbe und Flut der täglichen Gezeiten sind ein anderes; die Gezeiten wirken in einer Doppelperiode, die wenig länger als der Sonnentag ist.

Licht ist die deutlichste Zeitmarkierung. Dr. Brown hat bewiesen, daß Tiere ihre Aktivitätsperioden im Einklang mit den allmählichen jahreszeitlichen Änderungen der Tageslänge verkürzen oder verlängern. Im Laboratorium können die Lichtverhältnisse nach Belieben reguliert werden, um das Wirken dieses Zeitgebermechanismus darzutun.

Für Tiere, die im Küstenbereich leben, stellt der Gezeitenrhythmus die Zeitmarken. Die Gezeiten bestimmen z.B., wann es am günstigsten ist, Aktivität zu entwickeln und zu fressen. Winkerkrabben trippeln geschäftig umher und fressen entsprechend dem Gezeitenrhythmus, aber ihr Panzer dunkelt oder hellt sich auf in einem vom Sonnentag gesteuerten Wechsel. Zwei Periodizitäten, eine lunare und eine solare, wirken hier in demselben Organismus; ein ständiger halbmonatlicher Rhythmus entsteht aus der Überlagerung der zwei zirkadianen Zyklen. Dr. Brown erkannte, daß die rhythmische Antwort der Winkerkrabbe nicht von einem komplizierten Uhrwerk abhängt, sondern von natürlichen Zyklen. Den Landtieren wohnt die Reaktion auf einen Mondeinfluß als Folge ihrer Entwicklung von Meeresgeschöpfen zu Landbewohnern inne. Einstmals waren alle irdischen Organismen im Meer beheimatet und dem Gezeiteneinfluß unterworfen.

Es ist leicht einzusehen, daß das Sonnenlicht als Zeitgeber wirken kann. Aber wie kann das die Schwerkraft des Mondes? Schalentiere in Gezeitengewässern könnten ihr Zeitmaß dem Gezeitenwechsel entnehmen, oder sie könnten es auf andere Weise erhalten. Um die Rhythmisierung durch die Gezeiten zu untersuchen, ließ Dr. Brown für sein Labor in Evanston Austern von der Küste Connecticuts einfliegen.

Von den Austern war bekannt, daß sie ihre Schalen bei Flut öffneten. Im Laboratorium wurden die Versuchsbedingungen so sorgsam wie möglich überwacht. Keine äußeren Einflüsse durften zu den Austern in ihre Seewasserbehälter gelangen. In der ersten Woche öffneten die Austern ihre Schalen zu den Zeiten, während derer auf ihren angestammten Bänken in Connecticut Fluten eintraten. Sie setzten ihren gewohnten Rhythmus fort. Nach Ablauf von zwei Wochen änderte sich allerdings ihr zeitliches Verhalten. Nun öffneten sie ihre Schalen, wenn der Mond im Zenit ihrer neuen Heimstatt in Illinois stand. Wäre Evanston eine Küstenstadt, dann träte zu dieser Zeit die Flut ein.* Die Austern müssen ihre Zeitmarken unmittelbar von der Schwerkraft des Mondes bezogen haben!

Wie aber konnten sie die Anziehung des Mondes empfinden, abgeschlossen von der Außenwelt, wie sie waren? Die Deutung ist, daß irgendein Mondeinfluß Veränderungen der elektromagnetischen Felder verursacht, die jeden lebenden Organismus umgeben. Die Austern spürten die Veränderung und paßten sich ihr an. Untersucher ha-

* Vgl. Anm. S. 54 und Anm. 2, S. 155 (d. Übers.).

ben die theoretische Vorstellung, daß ein Teil des Nervensystems Signale empfängt, die von Änderungen des magnetischen Feldes ausgehen.

Wie auch immer sie die Anziehungskraft wahrnehmen, Myriaden von Meeresbewohnern werden von den Rhythmen des Mondes beeinflußt. Strenge Mondrhythmen werden in den Fortpflanzungszyklen von Fischen festgestellt. Der kalifornische Ährenfisch laicht nur in Nächten, die unmittelbar auf Voll- oder Neumond folgen. Bei abnehmendem Mond beginnt der europäische Aal seine Wanderung zu den Laichgründen im Sargassomeer. Die Penultimakrabbe ist bei Flut am lebhaftesten, die Winkerkrabbe entwickelt ihre Aktivität bei Ebbe.

Einige Seetiere zeigen eine hochentwickelte Mondempfindlichkeit. Der Palolowurm auf Samoa und den Fidschi-Inseln, ein Lebewesen, das fast sein ganzes Dasein im Inneren von Korallenriffen verbringt, taucht nur in den Nächten vor dem letzten Mondviertel im Oktober und November zur Paarung auf. Mit prall gefüllten Ei- und Samenanlagen lösen sich die langen Hinterenden der Würmer ab und schwärmen an die Oberfläche, wo die Inselbewohner sie körbeweise herausfischen. Für die Eingeborenen sind das Festtage, und die genau eingehaltene Mondpünktlichkeit ermöglicht das Zusammenfallen von Wurmfang und Festtagen. Der Termin der Erscheinung hängt nicht von einem Höchstmaß an Gezeitenwirkung ab, das bei Vollmond größer wäre, sondern von einem besonderen Teilausschnitt der Mondperiodizität.

Das überlieferte Wissen der Fischer um die Mondabhängigkeit von Meerestieren ist modernisiert worden. Ein Mann mit dem bezeichnenden Namen John S. Haddock (englisch: Schellfisch) legte einen Kalender an zur Berechnung der Bißzeiten von Fischen. Nach diesem Kalender gibt es täglich vier Zeiten mit einem vom Mond hervorgerufenen Anreiz zur Nahrungsaufnahme. Diese Perioden fallen aber nie auf die gleiche Uhrzeit, weil der Mondtag etwas länger als der Sonnentag ist. Der Haddock-Kalender wandelt Mond- in Sonnenzeit um und berücksichtigt die geographische Lage. Er ermöglicht dem Fischer, von der Uhr abzulesen, wann seine Aussichten am besten sind. Herr Haddock behauptet, die ergiebigsten Fischfänge werden während einer vom Mond angeregten Freßperiode gemacht. Es ist wohl zu beachten, daß die Sonnenzeit allein keineswegs einen Anhaltspunkt bietet, um den Rhythmus der Nahrungsaufnahme von Fischen zu nutzen.

Die Theorie der zeitlichen Abhängigkeit biologischer Rhythmen von einem äußeren, sogenannten exogenen oder kosmischen Zyklus, die von Dr. Brown entwickelt wurde, drückt die Ansicht einer Minderheit aus. Aber viele Untersucher biologischer Rhythmen und Wissenschaftler anderer Disziplinen beginnen seine Ideen gutzuheißen und bei ihren eigenen Arbeitsvorhaben anzuwenden. Meiner Ansicht nach ist von den beiden Theorien biologischer Rhythmen die Brownsche die einfachere und elegantere. Sie hängt nicht wie die Theorie einer biologischen oder »Inneren Uhr« von einer Annahme ab, für deren Vorhandensein es keinen Beweis gibt. Die Theorie von außen gesteuerter Rhythmen jedoch fußt auf Kräften und Systemen, deren Existenz und Wirkungen wohl bekannt sind: kosmische Zyklen, Sinne, Nervensysteme usw. Meine eigene Forschung in Hinblick auf Mondphasen und menschliches Verhalten führt in eine Richtung, die Dr. Browns Theorie exogener, d. h. von äußeren Einflüssen bestimmter Rhythmen unterstützt.

Aus den natürlichen Periodizitäten, die mit dem Mondlauf zusammenhängen, ragt der Fortpflanzungszyklus heraus. Wie oft bringen wir eine mondhelle Nacht mit Liebe und Verliebtheit zusammen. Stellt das romantische Klischee ein biologisches Prinzip, eine weitere Verbindung zu den Geheimnissen des Mondes dar? Bedeutet der Vollmond für Liebende mehr als nur eine anregende Kulisse? Ja, gewiß – wenigstens für die Seeigel. Ihr Fortpflanzungszyklus folgt genau dem Mondrhythmus.

Überall auf der Welt glauben Menschen an einen Zusammenhang zwischen dem Mond und ihrem eigenen Fortpflanzungszyklus. Ist das nur Aberglaube? In Indien z.B. meint man, daß die Mondphase, während der ein Kind empfangen wurde, sein Geschlecht bestimmt und daß es an Voll- und Neumondtagen mehr Geburten als sonst gibt. Die Navajo sind der Ansicht, daß sich wegen der Anziehungskraft des Mondes auf das Fruchtwasser zu Vollmond mehr Geburten ereignen: eine Art biologische »Gezeit«.

Die wissenschaftliche Forschung beginnt, den Volksglauben aufzugreifen. 1961 beschrieb Dr. Hilmar Heckert, ein Berliner Arzt, menschliche lunare Rhythmen bei verschiedenen Erscheinungen einschließlich Geburten und Todesfällen. In einer 1966 im Journal of Genetic Psychology (Zeitschrift für genetische Psychologie) erschienenen Studie legte Robert MacDonald Datenmaterial vor, in dem sich überzufällig mehr Geburten während Voll- und Neumond zeigten.

Ein anderes Anliegen wissenschaftlicher Forschung war die mögliche Beziehung zwischen dem Menstruationszyklus und dem Mondmonat. Von diesen beiden Periodizitäten wurde immer angenommen, sie umfaßten etwa die gleiche Zeitspanne. Viele Wissenschaftler – auch Dr. Heckert – behaupten, eine Abhängigkeit des Ablaufs der Menstruationsperiode vom Mondmonat darstellen zu können. Arrhenius berichtete 1898 von dieser Beziehung in seiner grundlegenden Abhandlung von biologischen Rhythmen. Ähnliche Studien wurden von Romer 1907, von Bramson 1929 und von H. Guthmann und D. Oswald 1936 veröffentlicht; sie zeigten eine signifikante, d.h. überzufällige Zahl von Blutungsanfängen bei Voll- oder Neumond.

Walter und Abraham Menaker veröffentlichten 1959 die Ergebnisse einer Untersuchung des zeitlichen Zusammenhangs zwischen menschlicher Fortpflanzung und Mondperiodizität. Sie verarbeiteten ein sehr großes Erhebungsmaterial. Bei der Begutachtung vorliegender Studien zur Dauer des Menstruationszyklus fanden sie, daß dieser im Durchschnitt nicht nur angenähert, sondern genau die gleiche Länge wie der Mondphasenmonat besitzt, nämlich 29,5 Tage.

Zur Bestimmung der Schwangerschaftsdauer verwendeten sie Angaben von 250000 Geburten. Die Zeit der Kindesentwicklung beträgt genau neun Mondmonate, das sind 265,8 oder, abgerundet 266 Tage.* Daraus schlossen sie, daß das menschliche Fortpflanzungssystem eher der Mondzeit als der Sternzeit folgt. Zu Vollmond ereigneten sich nach ihren Unterlagen mehr Geburten als bei anderen Mondphasen – ein weiterer statistischer Beweis für eine Volksmeinung, die man einst für Aberglauben hielt. Es ist noch nicht geklärt, ob die bei Vollmond häufigeren Geburten einer bestimmten Empfängniszeit während der Lunation, dem Mondphasenmonat, oder dem Schwerkrafteinfluß des Vollmondes auf den Geburtsablauf zuzuschreiben sind, also einer Förderung der Wehentätigkeit, wie die Navajo glauben.

* Es handelt sich hier natürlich um einen Durchschnittswert. Die Schwangerschaftsdauer schwankt doch in weiten Grenzen (d. Übers.).

Bei der Überlegung, was es für einen Zusammenhang zwischen dem Mond und dem menschlichen Körper geben könne, kamen die Menakers auf den Gedanken, der Mensch sei vielleicht biologischen Gezeiten unterworfen: »Da unser Körper aus etwa ⅔ ›Meer‹ und ⅓ ›Land‹ besteht, haben wir ›Gezeiten‹wirkungen zu ertragen.« Diese Erwägung auf einem Gebiet, das sich von dem meinen des gewalttätigen Verhaltens gänzlich unterscheidet, stellt eine bedeutende Bekräftigung der Theorie biologischer Gezeiten dar. In der Tat kamen die Menakers – wie Dr. Brown und ich – letztlich zu dem Schluß, daß der Fortpflanzungsprozeß eher von der äußeren astronomischen als von einer mysteriösen biologischen inneren Uhr gesteuert wird.

Wenn die Wahrscheinlichkeit eines mondzeitlichen Effektes auf den menschlichen Fortpflanzungszyklus gegeben ist, kann man sich fragen, wie es kommt, daß nicht alle Frauen zur gleichen Zeit menstruieren, besonders weil (wie wohl bekannt ist) Gruppen von Frauen, die zusammen leben, dazu neigen, ihre Periode zu gleicher Zeit zu bekommen. Bei der Annahme, die menschliche Monatsperiode enthalte einen mondbedingten Anteil, müssen wir beachten, daß es auch eine sonnenzeitliche Komponente gibt. Wenn alle Frauen zu gleicher Zeit am nämlichen Tag geboren wären, wäre die Erwartung völlig vernünftig, daß alle ihre Periode zur gleichen Zeit bekämen. Beides ist natürlich nicht der Fall.

Man kann überlegen, wie die mondzeitlicheKomponente zur Wirksamkeit gelangt, indem sie sich einem in sich geschlossenen Schwangerschaftsablauf an die Fersen heftet. Während ein Embryo sich in der Gebärmutter entwickelt, stehen die biologischen Rhythmen der Frucht mit denen der Mutter im Einklang. Zum Zeitpunkt der Geburt kommt das Neugeborene in Berührung mit der natürlichen geophysikalischen Umwelt, in der es sein weiteres Leben verbringen wird. Die Annahme ist vernünftig, daß die Rhythmen des Neugeborenen in diesem Augenblick nicht mehr mit denen seiner Mutter zusammenhängen. Sie werden jetzt von Kräften der natürlichen Umwelt weitergeführt.

Die eigenständigen biologischen Rhythmen eines jeden Menschen werden zur Zeit der Geburt aufgebaut, wenn der Organismus mit seiner Umwelt in Berührung kommt und anfängt, von Kräften dieser Umwelt beeinflußt zu werden. Bekanntlich dienen viele dieser Kräfte als Impulsgeber für biologische Rhythmen und prägen sich bei der

Geburt ein. Sonnen- und Mondrhythmen sind jederzeit im Leben des Individuums erkennbar. Die Einfügung der Rhythmen in den Zeitablauf wird sich von einem Individuum zum anderen unterscheiden, weil wir alle zu verschiedenen Zeiten und an verschiedenen Orten geboren sind.

Wegen des umfassenden Verflochtenseins von Hormon-, Flüssigkeits- und Elektrolythaushalt könnten die Frauen zu bestimmten Zeiten des Menstruationszyklus empfindlicher auf die Auslöseeffekte biologischer Gezeiten reagieren. Während der Menstruationszeit leiden viele Frauen unter Aufgetriebenheit des Leibes, Angespanntheit und Reizbarkeit. Flüchtige Flüssigkeitsstauungen und Elektrolytverschiebungen kommen vor. Der zusätzliche physiologische Streß einer biologischen Flut während der Menstruationszeit könnte drastische körperliche bzw. verhaltensbeeinflussende Folgen haben. Es ist gut belegt, daß Frauen in den Tagen vor der Blutung mehr zu körperlichen Erkrankungen und zu Launenhaftigkeit neigen und daß Klinikeinweisungen, Geistesstörungen und Gewalttätigkeit dann weit häufiger vorkommen. Männliche Hormone haben weniger mit dem Flüssigkeits- und dem Elektrolythaushalt zu tun, und es scheint kein männliches Gegenstück zum prämenstruellen Spannungssyndrom zu geben.

Wenn meine Theorie stimmt, daß nämlich die Umweltkräfte, die sich letztlich von kosmischen Zyklen herleiten, bei der Geburt auf das Kind treffen und dann seine individuellen Rhythmen bestimmen – wenn das so ist –, sollten wir erwarten, einen Beleg dafür zu finden. Beweisend wäre die Abhängigkeit des späteren Verhaltens der biologischen Rhythmen eines Individuums von der planetarischen Situation bei der Geburt derselben Person.

Gerade eine Beziehung dieser Art hat Dr. Eugen Jonas aus der Tschechoslowakei hergestellt. Er meint, die Stellung der Sonne und des Mondes bei der Geburt eines Mädchens bestimmten die biologischen Rhythmen seines Fortpflanzungssystems einschließlich der Ovulation, also des Eisprunges. Bei genauer Kenntnis der Periodizität ihrer Ovulation kann eine Frau an den Tagen, an denen eine Empfängnis wahrscheinlich ist, eine Geburtenkontrolle vornehmen. Jonas behauptet, sein astro-biologisches Geburtskontrollsystem erreiche einen Genauigkeitsgrad von 98%. Gemäß dem System von Jonas, das sich durchaus von der klassischen Rhythmus-Methode unterscheidet, wonach Geschlechtsverkehr in der Mitte des Zyklus, der vermuteten Zeit der Ovulation, vermieden wird, findet die Ovulation jeden Monat zweimal statt: einmal bei einer der Geburtszeit der Frau entsprechenden Winkelstellung von Sonne und Mond und dann bei einer Stellung, die sich von der ersten um 180° unterscheidet, ihr also gegenüber liegt.*

Die Ovulationszeiten sind deshalb für jeden folgenden Monat verschieden. Die Ovulationstermine wandern so auf Grund regelmäßigen Fortschreitens von Sonne und Mond in einem vorhersagbaren Rhythmus über den Menstruationszyklus hinweg.

Edmond E. Dewan, der in der Abteilung für Datenverarbeitung der Cambridge-Forschungsinstitute der Luftwaffe, örtlicher Bereich Hanscom Field, arbeitet, empfiehlt als Methode zur Geburtenkontrolle das Verfahren einer Regelung biologischer Uhren von außen. Er fand, daß man bei Frauen mit Zyklusunregelmäßigkeiten künstliches Licht zur Normalisierung verwenden könne. Seine Untersuchungsergebnisse zeigten, daß die Menstruationsperiode mit Hilfe von Licht gelenkt und reguliert werden kann, wodurch die Rhythmus-Methode der Geburtenkontrolle verläßlich oder doch fast verläßlich wird. Dewan ist der Ansicht, daß bei seinen Experimenten das Licht die Ovulation mittels des Hypothalamus, der Hypophyse und der Epiphyse beeinflußt. Weitere Forschungen sind im Gang.**

* Positionen von Sonne und Mond, die dem Wortlaut des Textes entsprechen, können wegen der astronomischen Gegebenheiten innerhalb eines Mondphasenmonats nicht eingenommen werden. Die Sonne schreitet in dieser Zeit um kaum 1/12 des Kreisumfanges, also nicht einmal um 30°, auf dem Himmelsäquator voran; nur der Mond erreicht nach etwa 14 Tagen mit 180° Längendifferenz eine entgegengesetzte Stellung, steht also in Opposition zu dem vor Ablauf der zwei Wochen von ihm besetzten Orte. Um diese beiden Mondpositionen dürfte es sich bei den beschriebenen zwei Ovulationsterminen handeln. – Medizinische Erkenntnisse können eine regelmäßige zweimalige Ovulation während eines Menstruationszyklus nicht belegen (d. Übers.).

** Die Hypophyse, die Hirnanhangsdrüse, produziert zahlreiche Hormone. Sie liegt in der Mitte der Unterfläche des Großhirnes und berührt dort fast die hintere Begrenzung der vorderen Großhirnhälfte. S. auch die Bemerkungen auf den Seiten 114 und 148 (d. Übers.).

Wandelbar schweifender Himmelsgenosse
– Gottheit, die Fluten der Wasser erzeugt –
Machet, daß alles Wachsende sprosse,
Auch daß mein Mädchen unstet mich deucht.
Oftmals begehr ich seiner Lieb,
Doch ich erkenne nicht, wo's blieb.

Anonym (16. Jahrhundert)

5. Kosmische Bindung

Alle Lebensformen sind kosmische Resonatoren, die Widerhalle aus dem All darbieten. Wir sind als Organismen völlig einbezogen in das lebende Universum. Ständig werden wir von Ebbe und Flut der kosmischen Aktivitäten betroffen, der Mondphasen, Sonnenflecken, Sonnenstrahlung, der kosmischen Strahlen und Bewegungen der Planeten, um nur fünf dieser Erscheinungen aufzuzählen. Die Wandlungen dieser Kräfte werden zwar nicht verspürt, sind aber doch durchdringende Wirklichkeit. Sie beeinflussen die Erdatmosphäre und verursachen in der Umwelt unseres Lebensraumes Umwälzungen. Diese Veränderungen werden von Menschen, Tieren und Pflanzen aufgenommen und in biologische Rhythmen umgesetzt, die an innerer elektromagnetischer Tätigkeit erkennbar sind.

Die Harmonien dieses himmlischen Reigens erklingen in mancherlei Tonarten. Die in Yale beheimatete Forschergruppe von Harold Saxton Burr und F. S. C. Northrup wagte sich als erste an die Untersuchung der »Felder des Lebens«. Dr. Burr war vierzig Jahre lang Professor der Anatomie* und Dr. Northrup war Professor der Philosophie und des Rechts. Sie ersannen eine Methode zur Messung von Veränderungen der elektrischen Spannungsverhältnisse eines Organismus. Ein hochempfindliches Voltmeter wurde ausgeklügelt, mit dem man die elektrischen Felder von Organismen messen konnte, ohne ihnen elektrischen Strom zu entnehmen. Über Jahre hinweg wurden elektrische Spannungen bei Pflanzen, Tieren und Menschen registriert.

Burr und Northrup nannten die Felder elektrodynamische oder Lebensfelder (L-Felder). Sie zeichneten die stündlichen Veränderun-

* Kurz vor seinem Tod, 1972, veröffentlichte er das Buch »Blueprint for Immortality«.

gen der Felder auf und verglichen sie mit denen der irdischen Felder und der Luftelektrizität. Es zeigte sich eine deutliche Parallele zwischen allen diesen Spannungsfeldern, ein Hinweis darauf, daß die Lebensfelder auf die Veränderungen der geophysikalischen Umwelt entsprechend antworteten. Die Umweltveränderungen liefen parallel zum Rhythmus der solaren und lunaren Zyklen. So ergab z.B. eine Analyse der Feldveränderungen in Bäumen nahe bei ihrer Forschungsstätte in New Haven ein Abbild der Periodizitäten von Sonne und Mond.

Die Untersuchungen der Professoren zeigten, daß das Lebensfeld eines Organismus ein empfindliches Anzeichen biologischer Aktivität ist. Bei gewissen Gelegenheiten konnte es zur Vorhersage biologischer Aktivitäten genutzt werden und führte Burr und Northrup zu der Anschauung, daß das Lebensfeld eines Organismus dessen Aufbau und Funktion reguliert. Hier einige Zusammenhänge, die ihnen als Beweis dienten: Feldgestaltungen in Samen lassen auf Wachstumsverhalten, Größe und Lebensfähigkeit der Pflanzen schließen; Messungen an nicht befruchteten Froscheiern gaben die Kopf-Schwanz-Achse des künftigen Nervensystems an; die Ovulation, die Wundheilung, periphäre Nervenschäden und sogar das Fortschreiten von Krebserkrankungen haben Entsprechungen in elektrischen Feldern.

In Anlehnung an die Burr-Northrupschen Leitgedanken gelang es dem Gynäkologen Dr. Louis Langman, bei Frauen, die später Krebserkrankungen der weiblichen Geschlechtsorgane entwickelten, elektrische Veränderungen zu finden. Andere Gynäkologen konnten dartun, daß elektrische Veränderungen in den Eierstöcken der Ovulation vorausgingen und daß bei vielen Frauen die Ovulation tatsächlich eher irgendwann im Verlaufe des Menstruationszyklus als nur in der Mitte dieser Periode stattfand. (Mit seiner »astrobiologischen« Methode bestimmte Dr. Eugen Jonas ebenfalls einen ähnlich eigenwilligen Eintritt der Ovulation.)*

Dr. Leonard J. Ravitz, ein Psychiater, wendete die Burr-Northrup-Technik zur Untersuchung von Veränderungen des elektrischen

* Diese Anschauungen von der Einordnung des Eisprunges in den Menstruationszyklus sind weder allgemein anerkannt noch lassen sie sich mit dem Gang der Hormonausscheidungen belegen, die ein zuverlässiges Bild vom Funktionszustand der Eierstöcke und der Gebärmutterschleimhaut vermitteln (d. Übers.).

Zustandes bei geisteskranken Patienten in den Psychiatrischen Kliniken der Yale-Universität, der Duke-Universität und der Universität von Pennsylvanien an. Er beobachtete, daß Geisteskrankheit von einer Zustandsänderung des elektrischen Feldes des Patienten begleitet war. Oft zeigte eine Rückkehr zu normalen elektrischen Verhältnissen die Wiederkehr geistiger Gesundheit an. Dr. Ravitz untersuchte hypnotische Zustände und sah, daß sie Veränderungen der elektromagnetischen Felder bei den Hypnotisierten hervorriefen, und stellte so eine Verbindung von Bewußtseinszuständen zu elektromagnetischen Feldern her.

Ganz allgemein erkannte Dr. Ravitz, daß Störungen im Verhalten oft mit der Stärke der Felder der betreffenden Personen verbunden sind. Er entdeckte, daß »in gewissen Fällen eine jähe Erhöhung der elektrischen Spannung den seltenen Vorkommnissen vorausgegangen war, wenn nämlich ein schizophrener Zustand der Teilnahmslosigkeit in selbstbewirkte Lebhaftigkeit umschlug«. Andererseits hängen körperliche Zustände gewöhnlich mit der Polarität (+ oder −) des Lebensfeldes zusammen.

Dr. Ravitz machte noch eine wichtige Entdeckung: Elektrische Felder beim Menschen schwanken in einem Rhythmus, der bei Neu- und Vollmond nach oben oder unten gipfelt. Die lunare Periodizität bestimmt die Extremwerte, aber man kann aus ihr nicht deren Eigenschaft voraussagen. Veränderungen der Feldstärke sind wichtige Anzeichen der Stimmungslage. Hohe Werte deuten auf Feindseligkeit und Apathie, niedrige sind mit gutartigen Stimmungen verbunden.

Die Entdeckung kräftigen Stimmungswandels, wie er bei Neu- und Vollmond auftritt, stützt meine Feststellung, daß aggressives Handeln während dieser Phasen einen Höhepunkt erreicht. Unbeständigkeit des Temperaments im Verein mit dem persönlichen elektrischen Feld führt dazu, daß zu solchen Zeiten die Menschen sich leichter gehen lassen. Die Tendenz von Feldmeßwerten, bei Neu- und Vollmond überaus kräftig zu steigen oder zu fallen, unterbaut Frank Browns Vorstellung von der positiven und negativen Empfänglichkeit eines Organismus.

In diesem Zusammenhang erheben sich viele Fragen. Was für eine Beziehung besteht zum Beispiel zwischen mondbedingten Veränderungen der Körperfelder und den biologischen Fluten in den Flüssigkeitsbereichen des Körpers? Wird das Flüssigkeitsgleichgewicht durch das Nervensystem beeinflußt oder umgekehrt? Wir wissen mit Sicherheit, daß diese Beziehung nach beiden Richtungen Veränderungen bewirken kann. Wir wissen auch, daß die Veränderungen Persönlichkeit und Verhalten beeinflussen. Warum steigt oder fällt die Spannung in einem Lebensfeld derart kräftig? Warum kann man sich bei jedem Vollmond in einem Zustand positiver oder negativer Empfänglichkeit befinden?

Experimente, die Dr. Brown anstellte, erhellten das Geheimnis der Empfindlichkeit des Lebendigen gegenüber einer elektromagnetischen Umwelt. Es besteht ein lückenloser Zusammenhang der Felder, ein Feld-Kontinuum, zwischen dem Menschen und seiner Umgebung. Elektromagnetische Felder haben keine festen Grenzen, sie verschieben sich ständig. Um die gegenseitige Beziehung zweier nebeneinander befindlicher Organismen unter wechselndem elektromagnetischen Einfluß darzustellen, benutzte Dr. Brown getrocknete Bohnen. Warum getrocknete Bohnen? Einfach deshalb, weil sie einfach organisiert sind. Taucht man die Bohnen in ein Gefäß mit Wasser, dann ist die Aufnahme von Wasser ihre einzige Stoffwechselfunktion. Sie zeigen ein periodisches Schema der Wasseraufnahme, die bei Neu- und Vollmond am stärksten ist.

Der Grad der Wasseraufnahme einer Bohne kann wechseln, wenn man den Verlauf und die Orientierung des elektromagnetischen Feldes ändert, indem die Bohne gedreht wird. Diese Veränderung des Feldes kann mittels eines Stabmagneten vorgenommen werden, der unter dem Tisch rotiert, auf dem die Bohne im Wasser liegt. Eine Veränderung kann man auch bewirken, indem man das Gefäß mit der Bohne auf eine drehbare Scheibe stellt und die Bohne im Kreis über alle Richtungen der Windrose führt. Dies bringt die Frucht in unterschiedliche Beziehungen zum irdischen Magnetfeld.

Legt man zwei Bohnen in ein Gefäß mit Wasser, so entwickelt sich eine bemerkenswerte gegenseitige Abhängigkeit. Die eine Bohne nimmt Wasser auf, die andere nicht! Läßt man beide in einem anders ausgerichteten Magnetfeld rotieren, so kann man die »trockene« Bohne dahin bringen, Wasser aufzunehmen, während die »nasse« keins aufnimmt. Dieses Experiment legt nahe, daß Umweltänderungen, die für unsere Sinne nicht wahrnehmbar sind, gegenseitige Beziehungen zwischen zwei Angehörigen der gleichen Art herbeiführen können. Daraus ergibt sich, daß winzige elektrische Botschaften zwischen den zwei Sämlingen übermittelt werden. Es existiert hier eine »unterschwellige« Verständigung: Eine der zwei Früchte geht darauf ein, die stoffwechselaktive Rolle zu spielen, während die andere passiv bleibt.

Diese elegante Serie von Experimenten wirft Licht auf die fundamentale Natur aufeinander ausgerichteter Beziehungen zweier Individuen der gleichen Art. Die geheimnisvolle Anziehung (oder Abstoßung) zwischen zwei verhältnismäßig fremden Personen wurde bisher als instinktive oder stofflich-»chemische« Reaktion betrachtet. Es scheint, daß der Begriff »physikalisch« vielleicht angemessener ist und daß »persönlicher Magnetismus« der wahren Ursache solcher zwischenmenschlichen Erscheinungen wohl näher kommt.

Parapsychologen, die extrasensorische, d.h. außerhalb der Sinne liegende, Verständigung untersuchen, sollten sich auf die Forschungsresultate Dr. Browns einstellen. Vielleicht ist das Bohnen-Experiment der Prototyp einer außersinnlichen Wahrnehmung. Das Ergebnis deutet darauf hin, daß die elektrischen Systeme von Lebewesen elektromagnetische Felder, die sie umgeben, direkt wahrnehmen. Wie Dr. Brown darlegt, ist dies gar nicht zu vermeiden, weil beide Erscheinungen in Zusammenhang stehen: »Es besteht keine scharfe Grenze zwischen den vom Stoffwechsel des Organismus unterhaltenen elektromagnetischen Feldern und jenen seiner geophysikalischen Umwelt.« Andere Forscher wie Dr. Robert Becker vom Krankenhaus der Veteranen-Verwaltung in Syracuse, New York, haben ebenfalls Hinweise dafür gefunden, daß das mit Elektronen arbeitende Nervensystem als Empfänger elektromagnetischer Impulse tätig ist.

Von unmittelbarer Bedeutung für meine Arbeit ist, daß Organismen wahrscheinlich in der Lage sind, Veränderungen des elektromagnetischen Feldes der Erde wahrzunehmen, die durch die Bewegung des Mondes im Verhältnis zur Erde und zur Sonne zustandekommen. Dies ist an sich eine Art von außersinnlicher Wahrnehmung.

Dr. Brown hat darauf aufmerksam gemacht, daß das von dem Physiker Werner Heisenberg aufgestellte Prinzip der Unschärferelation mehr und mehr bei biologischen Versuchen in Erscheinung tritt. Experimentelle Meßverfahren, die sich bei zunehmend verfeinerten Techniken weiterentwickeln, werden die zu messenden biologischen

Prozesse beeinflussen. Wir könnten die tatsächlichen Lebenserscheinungen, die wir untersuchen, verändern. »Biologische Vorgänge werden mit ihren Meßwerten die Methoden und Bedingungen widerspiegeln, unter denen die Messungen vorgenommen werden, und die Unterschiede werden greifbar sein«, sagt Dr. Brown.

Die Idee von der Bindung des Individuums an das übrige Universum ist nicht neu. Im Laufe der Geschichte haben Heilige und Mystiker eine Vielfalt von Sinnbildern für das Empfinden des Menschen gefunden, »eins mit dem All« zu sein, Ausdruck eines Bedürfnisses nach Geborgenheit. Das Wissen, daß unsere innerlich erzeugten elektromagnetischen Felder tatsächlich mit jenen der Umgebung zusammenhängen, liefert eine, wenn auch zarte physikalische Basis für jene »ewige Wahrheit«.

Wir sollten daran denken, daß im Bereich des Bewußtseins eine winzige Menge zugeführte Energie die größten Folgen haben kann. Experimente mit elektrischer Reizung des Gehirns haben gezeigt, daß kleine Veränderungen der elektrischen Spannungsverhältnisse im Gehirn genügen, um das Verhalten eines Tieres oder eines Menschen vollständig umzukehren. Im Falle des elektromagnetischen Feldes, das uns wie ein nahtloses Gewebe umgibt, wird das Vermittlungsgefüge übersehen, während die empfangenen Anstöße an unseren Stimmungen abzulesen sind, zu denen Gewaltausbrüche gehören können. Die Bindung an die Umwelt geht nicht immer glatt ab.

Eine der Verbindungen zu unserer Umwelt ist der Streß, den wir gern vermeiden würden. Wir sind aber unabänderlich gezwungen, uns mit ihm auseinanderzusetzen. Es ist genugsam festgestellt, daß Streß, geistiger wie körperlicher, uns für feingestaltete Einflüsse und Kräfte leichter empfänglich machen kann. Ich habe nachdrücklich darauf hingewiesen, daß jene Menschen, die zu heftigem, aggressivem Verhalten neigen, sehr wahrscheinlich auch Beeinflussungen durch den Mond ausgesetzt sind (solche Menschen haben im Allgemeinen eine verminderte Widerstandskraft gegen Streß). Gesellschaftlicher, seelischer und körperlicher Streß bringt solche Leute an den Rand der Selbstbeherrschung. Wir sollten erwarten, daß Streß die Empfindlichkeit gegenüber dem lunaren Einfluß auf menschliches Verhalten bedeutend erhöht. So ist es auch.

Die Bedingungen, die zum Streß führen, wurden von dem Biologen

Harry Rounds von der Staatsuniversität Wichita untersucht. Er gewann Interesse an mondbestimmtem Verhalten, als er bei der Arbeit mit Blutfaktoren von Küchenschaben entdeckte, daß Veränderungen in ihrem Blut eine ausgesprochene Beziehung zu den Mondphasen hatten. Neugierig geworden, versuchte er, der Sache auf den Grund zu gehen. Er testete das Blut von Fischen (Rotaugen), Mäusen und Menschen, um chemische Stoffe im Blut zu entdecken, die eine Beschleunigung des Herzschlags verursachen. Weil der Biologe wußte, daß Streß ein bestimmender Faktor der Herztätigkeit ist, teilte er seine Versuchsobjekte in zwei Gruppen: unter Streß stehende und solche ohne entsprechende Belastungen. Herzschlagbeschleunigende Stoffe im Blut gestreßter Tiere stiegen kurz nach Neu- und Vollmond stark an. Auch in der Kontrollgruppe, d.h. bei den nicht unter Streß stehenden Tieren, wurden derartige frequenzsteigernde Stoffe mit Ausnahme jener Zeiten gefunden, in denen die gleichen Faktoren im Blut gestreßter Tiere anstiegen, also kurz nach Neu- und kurz nach Vollmond. Die Zeiten des Mondkalenders, während derer die Aktivität des Blutes gestreßter Tiere anstieg, fielen ausnahmslos mit jenen zusammen, in denen die Aktivität des Blutes unbelasteter Tiere auf Null zurückging.

Warum schlugen die Herzen der gequälten Rotaugen gerade nach Neu- und nach Vollmond so heftig? Warum verhalten sich die Herzen von Mäusen und Menschen unter Streß zu diesen Zeiten ebenso? Herr Rounds vermutet, daß eine vom Mond verursachte Veränderung des elektromagnetischen Feldes der Erde dafür verantwortlich ist. Die Anziehungskraft des Mondes kann bei einem schon unter Druck gesetzten Menschen eine schnellere Herzschlagfolge auslösen. Genau so bedeutsam ist die völlig gegensätzliche Reaktion von Lebewesen, die nicht unter Streß stehen. Ist Streß ein Schlüsselfaktor, der bestimmt, ob wir in einen Zustand positiver oder negativer Empfänglichkeit für lunare Einflüsse geraten?

Jedenfalls gibt es jetzt Beweise, daß der Mondrhythmus in den Herzen von Tieren einschließlich des Menschen, die durch äußere Umstände schon in nervöse Unsicherheit versetzt worden sind, Erregungszustände auslösen kann. Veränderungen des Flüssigkeitsstromes zwischen den hierfür in Frage kommenden Bereichen des Körpers und eine Beschleunigung der Herztätigkeit sind sicherlich dazu angetan, jemanden in einer gefühlsbetonten Situation die Beherrschung eher verlieren zu lassen.

Harry Rounds' Meßergebnisse wiesen Höchstwerte auf, die etwas hinter Neu- und Vollmond zurückblieben. Die Verzögerungen von zwei bis drei Tagen passen übrigens gut zu jenen in unserer Selbstmordstudie aus dem Bezirk Cuyahoga und in Dr. Browns Arbeit zur Aktivität des Hamsters. Wichita, wo Dr. Rounds arbeitete, liegt in viel höherer Breite als der Bezirk Dade, wenn auch nicht so weit nördlich wie Cleveland oder Evanston. Der geographische Faktor erwies sich wieder als ein Schlüsselelement für mondphasenbedingte Geschehnisse.

Zwei zusätzliche Untersuchungen vermehrten die Beweise für lunare Einwirkungen auf den Blutstrom und unterstützten indirekt die Hypothese biologischer Gezeiten. Dr. Edson Andrews aus Tallahassee machte die Erfahrung, daß das Auftreten ungewöhnlich starker Blutungen bei Mandel- und Polypenoperationen sich um Neu- und Vollmond herum beträchtlich häufte. Dr. Andrews hatte von seinen Klinikkollegen gehört, daß bei Vollmond stärkere Blutungen auftraten, und beschloß, dieser allgemein verbreiteten Ansicht nachzugehen. Er wertete die Krankengeschichten von über tausend Fällen aus, um die lunare Periodizität zu untersuchen. Das Ergebnis seiner Arbeit war, daß die Kranken dazu neigten, bei Vollmond und Neumond unverhältnismäßig stark zu bluten. Bei weiterem Nachsuchen fand Dr. Andrews, daß es bei Vollmond auch mehr Magengeschwürsblutungen gab. Er hatte eine »rote« Bio-Tide – eine »Gezeit« der Blutung – entdeckt und beschrieben. Seine Beobachtungen wurden von Dr. W. P. Rhyne in Albany, Georgia, und von Ralph W. Morris, einem Pharmakologie-Professor an der Medizinischen Fakultät der Universität Illinois, wiederholt und bestätigt.

Dr. Andrews war von den Resultaten seiner Untersuchungen so überzeugt, daß er drohend sagte: »Ich werde ein Medizinmann, operiere nur in dunklen Nächten und reserviere die Mondnächte für romantische Abenteuer.«

Volksglauben will wissen, daß die Kastrierung von Tieren bei Vollmond wegen heftiger Blutungen gefährlich ist. Nach alter jüdischer Tradition war der Aderlaß zu medizinischen Zwecken je nach den Phasen des Mondes eingeschränkt. Im Talmud heißt es, daß bestimmte

Tage des hebräischen Mondkalenders, die ungefähr mit dem Neumond und dem Vollmond zusammenfallen, für Aderlässe zu gefährlich sind.

Sorgfältige Beobachter, die nach dem Mondkalender leben, haben im Alltag gewisse periodische Einwirkungen von bedeutendem Gewicht festgestellt. Weil wir heutzutage ausschließlich nach der Sonnenzeit leben, haben wir eine möglicherweise lebensrettende Information vernachlässigt.

Angesichts der Tatsache verstärkter Blutungen bei chirurgischen Patienten zur Zeit von Neu- und Vollmond müssen wir uns fragen: Welcher Mechanismus ist dafür verantwortlich? Meine Antwort auf diese schwierige Frage ist spekulativ und hängt mit meiner Theorie von den biologischen Gezeiten zusammen. Blutgefäße und Zellen haben semipermeable, halbdurchlässige, Membranen. Wasser wechselt ungehindert zwischen den Flüssigkeitsbereichen des Körpers hin und her. Bei einer biologischen Flut-Situation erfordern ein Anschwellen und die Spannung im Gewebe, ein neues Gleichgewicht zwischen den Flüssigkeitsbereichen des Körpers herzustellen. Es ist wahrscheinlich, daß Wasser unter erhöhtem Druck in das Kreislaufsystem zurückdrängt, woraus sich eine vergrößerte Blutmenge und ein höherer Blutdruck ergeben. Bei Menschen mit blutenden Geschwüren oder mit schwachen, empfindlichen Blutgefäßen kann es wegen des plötzlichen Anstiegs von Volumen und Druck zu spontanen Blutungen kommen. Patienten, die operiert werden, mögen in diesen Zeiten zu stärkerem Bluten neigen.

Es ist nun offenkundig, daß die Hypothese biologischer Gezeiten eine starke Stütze in einer großen Vielfalt von Erkenntnissen – vom Volksglauben bis hin zu den ausgefeilten Techniken modernen biologischen Experimentierens – besitzt. Wir haben über zwei Möglichkeiten nachgedacht, wie der Mond Grundrhythmen beeinflussen könnte: durch direkte Anziehung der Flüssigkeiten in unserem Körper und durch Störungen des elektromagnetischen Feldes, die von unserem Nervensystem irgendwie aufgenommen werden.

Der Nachweis wurde erbracht, daß unsere Stimmungen sich bei Neu- und Vollmond ändern. Wenn wir angespannt sind, beschleunigt sich unser Puls. Wenn wir uns schneiden, bluten wir stärker. Die letzten beiden Wirkungen wurden bei normalen Menschen und an Hand umfangreichen statistischen Materials festgestellt.

Unsere Untersuchungen aus dem Bezirk Dade betrafen Menschen, die unzweideutig nicht normal, sondern gewalttätig und aggressiv handelten. Die nämliche lunare Periodizität zeigte sich in ihrem Verhalten. Ich behaupte, daß diese Menschen nicht in der Lage waren, mit dem durch eine biologische Flut aufgebürdeten zusätzlichen periodischen Streß fertig zu werden.

Wir stehen am Anfang einer neuen, ganzheitlichen Sicht des Universums, eines Systems, in dem jeder Teil und jeder Organismus im Rhythmus der Zyklen des Kosmos mitschwingt. Wie neu ist aber dieses Bild? War es nicht das, was die alten Astrologen und die frühen Astronomen mit der »Sphärenmusik« meinten? Die Wissenschaftler entdecken neu, was die Alten wußten: Die Harmonie der Himmelskreise schließt auch ein gut Teil himmlischer Dissonanz nicht aus.

6. Der Mond und die geophysikalische Umwelt

Man kann die Verformung des Mondes so betrachten, daß die Erdmasse auf den Mond einen Zug ausübt, denn er ist etwa birnenförmig zur Erde hin langgezogen. Wenn die Erde das mit dem Mondkörper tun kann, mag man sich vorstellen, was er mit der Erde macht. Wahrscheinlich wirkt er auch auf menschliche Wesen ein.

James Irwin, Astronaut und Mondfahrer.

Es ist nicht allgemein bekannt, daß die Anziehungskraft der Erdschwere Mondbeben verursacht oder daß der Mond auf Erdbeben einwirkt. Die Gezeiten der Weltmeere werden von Beanspruchungen der Erdrinde, auf die die Gezeitenkräfte treffen, begleitet. Wenn der Mond über einem bestimmten Gebiet der Erde seinen höchsten Stand erreicht, zieht er die Wassermassen und das feste Land dieses Gebietes in einen »Gezeitenbauch« empor. Zur gleichen Zeit findet sich eine entsprechende Ausbauchung auf der entgegengesetzten Seite der Erde. Das geschieht, weil die Gebiete des Planeten, die dem Mond am nächsten sind, einem stärkeren Gravitationssog unterliegen. Die Oberfläche der Meeresgebiete auf der Seite des Mondes wird mehr zum Mond hingezogen als der Meeresgrund, und auf der anderen Seite der Erde wird der Meeresgrund näher als die Wasseroberfläche an den Mond herangezogen. Auf diese Weise kommt es zu Oberflächenausbauchungen in beiden Gebieten, und wo es Oberflächenaufwölbungen gibt, entstehen Fluten. In der Mitte zwischen den Ausbauchungen um den Globus sind die Regionen der Ebbe, von denen das Wasser für die vorgewölbten Flutwellen stammt. Der Planet rotiert unter den Flutausbauchungen hinweg, und es gibt täglich zweimal Flut und zweimal Ebbe.

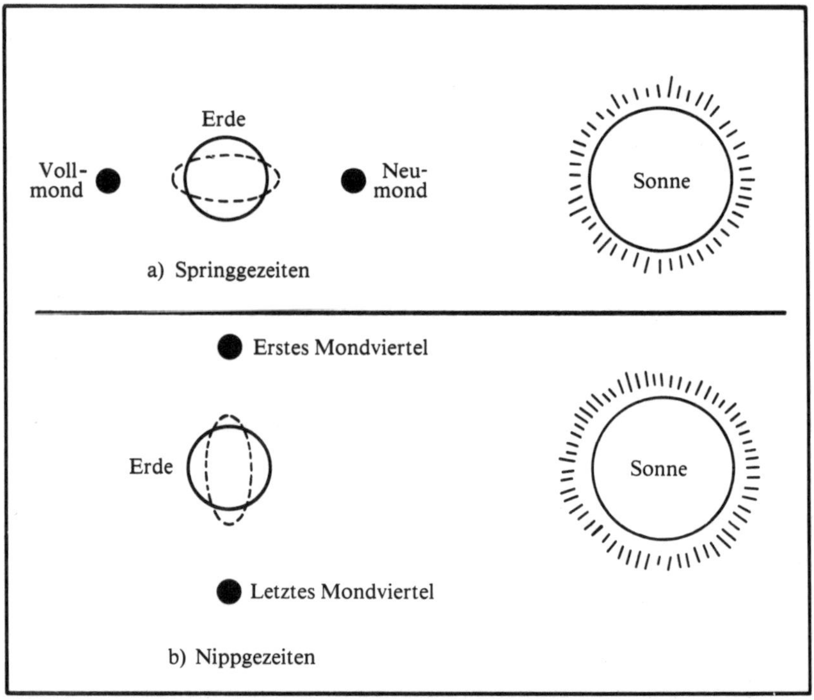

(a) Springgezeiten treten ein, wenn die Gezeitenkräfte von Mond und Sonne beim Entstehen von Flut und Ebbe zusammenwirken.
(b) Nippgezeiten treten ein, wenn die Gezeitenkräfte der Sonne und des Mondes gegeneinander gerichtet sind.

Der Mond verformt die Erde, als wäre sie ein Gummiball. Der Ozean verschluckt die Kraft, weil er umherwogt, aber das Land ist starrer; es wird nicht so leicht und so schnell deformiert wie Wasser. Die Spannung in der Erdrinde wirkt sich als auslösende Kraft für Erdbeben aus. (Wenn der Mond seinen höchsten Stand erreicht, könnte der nordamerikanische Kontinent sich um etwa 15 cm heben.)

In ihrem faszinierenden Buch »Der Jupiter-Effekt« haben John R. Gribbin und Stephen H. Plagemann von der Bedeutung der Gezeiten als Auslöser von Erdbeben berichtet. »Eine sorgfältige statistische Analyse einer großen Anzahl von Erdbebendaten zeigt, daß diese Wirkung auftritt, aber an und für sich keine überwältigende Bedeutung hat. Was indessen von größter Wichtigkeit ist: Dieses Werk bringt die sichere Bestätigung, daß Erdbeben durch Ereignisse, die sich außerhalb der Erde abspielen, ausgelöst werden können.« Plagemann und Gribbin befürchten, daß die große Planetenkonjunktion von 1982 vielleicht ein neues großes kalifornisches Erdbeben hervorrufen könnte. (Natürlich kann ein solches Zusammentreffen kosmischer Zyklen ebenso zu Ausbrüchen im menschlichen Verhalten führen.) Ihre Dokumentation liefert eine weitere Bestätigung für die kosmische Betrachtungsweise. Unsere geophysikalische Umwelt – selbst der Boden unter unseren Füßen – wird ständig durch Himmelsvorgänge beeinflußt!

Ein Gesichtspunkt von täglichem Belang in der Umwelt ist das Wetter. Man hat schon lange eine Verbindung zwischen Wetter und Mond vermutet, aber erst in den letzten Jahrzehnten hat man sie schlüssig nachweisen können. 1962 veröffentlichten drei Meteorologen, D. A. Bradley, M. A. Woodbury und G. W. Brier, einen Aufsatz in der Zeitschrift »Science«, in dem sie eine deutliche lunare Periodizität starker Niederschläge aufzeigten. Bei der Anordnung ihres Materials, das auf Wetteraufzeichnungen von 1900 bis 1949 beruhte, teilten sie den Mondmonat entsprechend der synodischen Dezimalskala ein. Sie fanden eine »ausgesprochene Tendenz zu extremen Niederschlägen in Nordamerika, nahe der Mitte der ersten und der dritten Woche des synodischen Monats, besonders an den dritten bis fünften Tagen nach den Mondaltern Neu- und Vollmond«. Das ist wiederum ein Beweis für eine lunare Periodizität und für Niederschlagsgipfel, die auf Neu- und Vollmond folgen.

In derselben Ausgabe von »Science« berichteten E. E. Adderley und E. G. Bowen, zwei Forscher aus Sidney in Australien, über ähnliche Ergebnisse, die sie aus den Aufzeichnungen von 50 Wetterstationen in Neuseeland über eine Zeit von 25 Jahren gewannen. Sie meinten, daß man eine lunare Periodizität noch nicht für Wettervoraussagen verwenden könne, denn es sei nicht geklärt, wie diese Wirkung verursacht wird. Möglicherweise ändere die Anziehungskraft des Mondes die Menge des Meteoritenstaubes, der in unsere Atmosphäre eindringt und das Entstehen von Stürmen beeinflußt.

Es ist nicht zu verwundern, daß Adderley und Bowen auf wissenschaftliche Vorurteile gegen mondbezogene Wirkungen stießen. Eine

Zeitlang hatten sie ihre Ergebnisse von der Veröffentlichung zurückgehalten. »Eine lunare Einwirkung auf Regenmengen zu vertreten, hätte einfach nicht die richtige Aufnahme gefunden«, schrieben sie. Sie hatten in mancher Beziehung recht.

Weitere Beweise kamen hinzu. T. H. Carpenter, R. L. Holle und J. J. Fernandez-Partagas veröffentlichten 1972 in der »Monthly Weather Review« eine Arbeit, die eine mehr als zufällige Beziehung zwischen Mondphasen und der Bildung von tropischen Stürmen und Orkanen darstellte. Ihre Studie unterschied sich von früheren, die die stärksten Regenfälle untersucht hatten. Die neue Arbeit bezog sich auf die heftigsten Stürme. Die Forscher verwendeten Aufzeichnungen von solchen Stürmen im Nordatlantik und im Nordwesten des Pazifiks und fanden heraus, daß während eines Zeitraumes von 78 Jahren sich etwa 20% mehr Orkane und Taifune bei Neu- und Vollmond bildeten als bei den Mondvierteln. Der Neumondgipfel war stärker ausgeprägt als der bei Vollmond.

Jeder weiß, daß das Wetter die Stimmung beeinflußt. Wir sind vermutlich an einem Regentag eher melancholisch, an einem sonnigen Hochdrucktag mit blauem Himmel hingegen munter. Gibt es eine Verbindung zwischen lunarem Einfluß auf das Wetter und lunarer Periodizität im menschlichen Verhalten? Wir wissen so wenig über die Ursachen und Vorgänge hinter den erkannten Wirkungen, daß es eine qualvolle Aufgabe ist zu versuchen, aus diesen fesselnden Beobachtungen kausale Verknüpfungen abzuleiten.

Zwei Forscher aus Toronto, Sheldon Geller und Herbert Shannon, glauben, eine ursächliche Verbindung zwischen dem Einfluß des Mondes auf das Wetter und absonderlichem menschlichen Verhalten entdeckt zu haben. Sie haben das als »Transsylvania-Effekt« bezeichnet. Ihre Beweisführung ist folgende: Im Sommer ist der Vollmond von unbehaglich heißem und feuchtem Wetter begleitet, das den normalen Schlafablauf und den REM-Schlaf* stört. Der daraus entstehende Verlust an Traumerlebnissen ist mit psychotischen Zuständen verknüpft.

Weit verbreitete Niederschläge und Entwicklung von Stürmen, die

* REM = rapid eyes movements (schnelle Augenbewegungen, ihnen werden im Schlaf Traumerlebnisse zugeordnet) (d. Übers.).

sich um Voll- und Neumond häufen, stützen die hypothetische Ursachenbeziehung zwischen Mond, Wetter und Stimmung. Hier liegt vielleicht eine weitere indirekte Wirkung des Mondes auf normale biologische Rhythmen, in diesem Fall auf die Rhythmen des Schlafes mit schneller Augenbewegung (REM). Es scheint, als ob es dem Mond nicht an Wegen mangelt, seinen Einfluß geltend zu machen.

John Cejka, vom Cyclomatic Engineering, glaubt, man wisse jetzt genügend über die Rolle des Mondes als Wettermacher, um sich mit langfristigen Vorhersagen beschäftigen zu können. Es gibt eine Beziehung zwischen Gezeitenbewegungen der Meere und der Bewegung der Luftmassen (Wetter). Dieser Zusammenhang, schreibt Cejka, enthält eine eingebaute 15monatige Verspätung, die aus dem Unterschied der Dichte zwischen Wasser und Luft herrührt. Die lange Verzögerung schränkt die Genauigkeit seiner Vorhersage ein.

Verzögerungen und Unschärfe kennzeichnen den Einfluß des Mondes. Die Kompliziertheit von Zeitverschiebungen und harmonischen Übereinstimmungen im Wettergeschehen, die merkwürdigen Verzögerungen in der Mordstatistik, die Gegenbewegungen im Elektropotential von Versuchsobjekten, positive und negative Empfänglichkeit weisen alle auf die Wichtigkeit der dazwischenliegenden Prozesse, Auslösungseffekte und unbekannten Vermittlungsprinzipien hin, wenn man den Mondeinfluß verstehen will.

Wie ich schon früher schrieb, gibt es bei den mondzeitlichen Vorgängen Verzögerungen, die sich mit der geographischen Breite ändern. Je weiter nördlich vom Äquator das beobachtete Ereignis, desto länger der Zeitverzug. Man kann nur vermuten, warum der Einfluß des Mondes auf das Verhalten sich in Abhängigkeit vom Breitengrad des Ortes ändert, aber es ist ein faszinierender Bereich für gedankliche Arbeit.

Durch die Krümmung der Erde ist ein Ort im Norden weiter vom Mond entfernt als einer in der Nähe des Äquators. Man sollte erwarten, daß die Schwerkraft des Mondes bei der etwas größeren Entfernung ein wenig vermindert sein würde, aber wie könnte das die Verzögerung beim zeitlichen Eintritt ihrer Wirkung erklären? Wenn man den Gezeitenkräften eine kumulative, anhäufende Wirkung zuerkennt, so fängt die Verzögerung an, einen Sinn zu bekommen. In nördlichen Breiten wären mehr Tage Springflut erforderlich, um kumulativ einen Zustand hoher Nervenreizbarkeit zu schaffen. Die Wirkungen der Gezeitenkräfte auf biologische Rhythmen wären erst dann bis zum kritischen Punkt angestaut, wenn die Flutkräfte schon im Abnehmen begriffen wären.

Mit einer kumulativen, nachhinkenden Erscheinung sind wir bereits vertraut: mit der der Jahreszeiten. In der nördlichen Hemisphäre steht die Sonne am höchsten an dem offiziell ersten Tag des Sommers, gewöhnlich am 21. Juni. In den Monaten, die der Sommersonnenwende unmittelbar folgen, wird das Wetter heißer, obwohl die Sonne sich zum Äquator zurückneigt und tiefer am Himmel steht. Das rührt daher, daß bei der Erwärmung und Abkühlung der Atmosphäre ein kumulativer Effekt mitwirkt. Es braucht mehrere Monate höheren Sonnenstandes, um die Luft genügend aufzuwärmen, bis Sommerwetter herrscht. Ebenso bedarf es einiger Monate absteigender Sonne, bis die aufgespeicherte Wärme der Luft sich abkühlt. Wir sind immer noch dabei, ausfindig zu machen, ob die Mondeinflüsse in ähnlicher Weise kumulieren.

Zeitverschiebungen beim Ablauf periodischer Ereignisse, die sich mit der geographischen Breite ändern, sind eine allgemein beobachtete Erscheinung. Der Forscher Leonard W. Wing hat viele Untersuchungen zum zeitlichen Ablauf natürlicher Zyklen, etwa des Vogelzuges und der Wanderungen von Nagetieren, angestellt. Die Ordnung innerhalb vieler Naturrhythmen neigt dazu, näher zum Äquator hin immer später in Erscheinung zu treten. Zuungunsten unserer Beweisführung weichen diese Verzögerungen von den beobachteten mondbestimmten im umgekehrten Sinn ab. Wing hat die veränderlichen von der Örtlichkeit abhängigen Zeitverschiebungen als »latitudinal passage« (Breiten-Drift) bezeichnet.

Ein Beispiel von »Breiten-Drift«, in dem der Zeitplan polwärts verzögert ist, sind die Schwankungen beim Einfall kosmischer Strahlen. »Da kosmische Strahlen außerirdischen Ursprungs sind«, schreibt Wing, »könnte es so scheinen, als reflektierten sie das Verhalten der Ionosphäre.« Es hat den Anschein, als seien die im mondzeitlichen Verhalten aufgedeckten Verspätungen ein anderes Beispiel von Breiten-Drift, die sich in nördlicher Richtung verzögert. Wir wissen, daß die Ionosphäre kosmische Kräfte abwandelt, wie etwa Strahlen und magnetische Störungen, und daß das Magnetfeld der Erde uns vor kosmischen Strahlen schützt. Wird der Mondeinfluß von diesen Schutzsystemen des Planeten abgeändert?

Die Bedeutung der von der geographischen Breite abhängigen Verzögerung kann nicht stark genug betont werden. Es ist ein geheimnisvoller Effekt, der, wenn wir ihn nur verstehen könnten, uns einen Zugang zum Wirken der Mondkraft erschlösse. Wenn man dies unbeachtet läßt, gelangt man mit Untersuchungsergebnissen leicht in eine Sackgasse. Dr. Pokorny und Dr. Jachimczyk begutachteten, bei dem Versuch, unsere Nachforschung zu wiederholen, die Beziehungen zwischen den Mordhäufigkeiten in den Bezirken Dade, Cuyahoga und Harris in Texas. Sie konnten zu keinen beweisenden statistischen Ergebnissen kommen. Ihren Mißerfolg hätte man nach unserer Untersuchung voraussagen können, die gezeigt hatte, daß solche Resultate nach der geographischen Lage unterschiedlich ausfielen. Da sie die Bedeutung der geographischen Lage außer acht ließen, kamen sie zu sinnlosen Aussagen. Der Raum ist ebenso wie die Zeit eine entscheidende Veränderliche bei geophysischen Forschungen.

Die Bedeutung der geophysischen Umwelt in unserem Leben wird oft übersehen. Marshall McLuhan weist darauf hin, daß man die Umwelt einfach hinnimmt. Man ist sich ihres Wesens gar nicht bewußt, weil die Einwirkungen allgegenwärtig sind. Für die meisten von uns wäre es eine Belastung, wenn wir ständig die magnetischen Felder, die uns umgeben, oder den Sonnenstand oder die Mondphase empfänden.

Einige Wissenschaftler haben die veränderliche, wogende Umwelt des Planeten zu ihrer Lebensaufgabe gemacht. Sie arbeiten auf Gebieten, die man etwa als Heliobiologie, Meteoropsychiatrie und Biometeorologie* bezeichnet. Aber selbst unter jenen, die Umwelteinflüsse untersuchen, ist die Umweltbewußtheit nicht ständig vorhanden.

Trotzdem hängt das Leben von komplizierten, durchdringenden Einwirkungen ab. Ein treffendes Beispiel für die Wesentlichkeit der unsichtbaren Umwelt ist die räumliche Orientierung einiger Tiere,

* Es handelt sich hier nicht etwa um ein meteorologisches Wissensgebiet, wie die Bezeichnung eigentlich aussagt, sondern – wie z.B. auch bei der Heliobiologie – um ein biologisches, das bis vor kurzer Zeit auch korrekt Meteorobiologie genannt wurde (»Grundriß einer Meteorobiologie des Menschen« von Prof. de Rudder aus dem Jahre 1952). Es ist erstaunlich, daß sich eine sprachlich so irreführende Namensgebung durchsetzen konnte (d. Übers.).

z. B. Vögel, Fische und Schnecken. Untersuchungen von Wanderungen zeigen, daß diese Tiere feinste Anhaltspunkte verwenden, die aus der elektromagnetischen Umwelt der Erde stammen. Sie finden heim auf elektrischen Strukturen und sind imstande, auf weite Entfernungen ihre Richtung genau einzuhalten. Diese angeborene Fähigkeit hat man als »biologischen Kompaß« bezeichnet.

Dr. Brown hat Laboratoriumsexperimente durchgeführt, in denen der Richtungssinn oder der Biokompaß von Würmern dadurch verändert wurde, daß die ganze apparative Anordnung einfach um 180 Grad gedreht und damit die Lage des Wurms zum erdmagnetischen Feld entgegengesetzt wurde. Das Experiment beweist, daß ein Tier tatsächlich das Magnetfeld der Erde empfinden und es zur Richtungsbestimmung nutzen kann.

Anschließende Arbeiten von Brown und seinen Mitarbeitern zeigten, daß Insekten und höhere Tiere auf rotierende horizontale Magnetfelder reagierten, deren Stärke der des Erdfeldes entsprach. Darüber hinaus änderte sich diese Reaktionsfähigkeit mit der Tageszeit und mit der Mondphase. Untersuchungen anderer Forscher haben dargetan, daß Organismen wie Honigbienen, Fliegen, Rotkehlchen, Brieftauben und Wüstenratten von Magnetfeldern beeinflußt werden, die nicht stärker sind als die des Erdmagnetismus. Heimkehrende Vögel sind anscheinend in der Lage, Flugrichtungen mit Hilfe magnetischer Felder in der Umwelt und anhand von Gravitationskräften zu erkennen.

Brieftauben können dadurch vom Kurs abgebracht werden, daß man kleine tragbare Magneten an ihrem Hals anbringt. Ihr Flugverhalten kann ins Gegenteil verkehrt werden, indem man das von winzigen, an ihrem Kopf befestigten Magnetschlingen erzeugte örtliche Magnetfeld einfach umdreht. Dr. Brown schloß daraus, daß ein lebender Organismus die Fähigkeit besitzt, eine bestimmte Teilerscheinung des geophysikalischen Feldes, wie etwa den Magnetismus, zu verwenden, um geographische Richtungen zu unterscheiden; mit anderen Worten: Der Organismus besitzt einen zuverlässigen Magnetkompaß. Die Fähigkeit lebender Organismen, magnetische Felder zu empfinden, bezieht sich nicht allein auf den Richtungssinn. Sie scheint auch eine regulierende Funktion zu besitzen.

Umkehrung des Magnetfeldes kann bei biologischen Rhythmen verschiedener Organismen zu Phasenverschiebungen von 180 Grad führen*. Daher kann eine Änderung der Leit*richtung* in der Umwelt eines Organismus Änderungen der Phasen*zeit* seiner biologischen Rhythmen mit sich bringen.

Es gibt viele Faktoren, die das Magnetfeld der Erde und infolgedessen das organische Leben beeinflussen. Einer der Faktoren ist sicherlich der Mond. Der Mond wirkt auf das Magnetfeld der Erde auf zweierlei Weise ein. Er hat sein eigenes magnetisches Feld, das, wenn auch schwach, ein rhythmisches Wogen im Magnetfeld der Erde bewirkt. Dann gibt es aber auch eine indirekte Einwirkung auf das Magnetfeld der Erde. Sie entsteht durch den Einfluß des Mondes auf das Wetter, das seinerseits elektromagnetische Vorgänge beeinflußt.

Ein sowjetischer Wissenschaftler vermutet, daß der Mond vielleicht für das Verschwinden von Flugzeugen in dem berüchtigten Bermuda-Dreieck verantwortlich ist. A. I. Yelkin vom Moskauer Institut für Bauingenieure meint, daß lunisolare Gezeiten das magnetische Feld der Erde unterhalb des Meeres beeinflussen und so die Flugkompasse – oft mit tragischen Folgen – falsch anzeigen lassen. Yelkins Aufstellung von im Atlantik verschwundenen Flugzeugen belegt, daß die Verluste bei Vollmond, Neumond oder dann eintreten, wenn der Mond der Erde am nächsten ist, ein beharrliches Zusammentreffen gleicher Umstände.

Klaus-Peter Ossenkopp, von der Universität von Manitoba, hat eine umfassende Untersuchung auf dem Gebiete geophysischer Einflüsse auf menschliches Verhalten unternommen. Er schrieb: »Anscheinend gibt es ausgesprochene lunare Einflüsse auf Wetterlagen, und diese Veränderungen der meteorologischen Bedingungen scheinen eine Veränderung in den umgebenden elektrischen und magnetischen Feldern anzuzeigen, die nachweislich das Verhalten von Tieren beeinflussen.«

Inzwischen sollte es klar sein, daß sogenannte konstante Laboratoriumsbedingungen nicht existieren. Selbst ein Organismus, der abgeschirmt von einem dicken Bleibehältnis tief in der Erde verborgen ist,

* Eine Phasenänderung von 180 Grad heißt die Verschiebung des Ablaufs eines Rhythmus um die Hälfte seiner Dauer. Der Rhythmus oder Zyklus wird wie der Kreisumfang in 360 Grade eingeteilt gedacht. Auf den Tagesrhythmus übertragen bedeutete die genannte Phasenverschiebung, daß der Tageslauf mit seinen Erscheinungen statt um Mitternacht um 12 Uhr mittags anfinge (d. Übers.).

nimmt immer noch durchdringende, feine geophysische Kräfte, wie Schwerkraft und Elektromagnetismus, auf. Der umfassende Informationsakkord, der Organismen mit Hilfe durchdringender Kräfte erreicht, gibt Auskunft über Sonnenauf- und -untergang, Mondauf- und -untergang und die tägliche Länge der Erde in der Ekliptik*.

Anscheinend sind Organismen aufs Innigste und ständig mit ihrer Umwelt verbunden. Der Organismus selbst ist eine dynamische elektromagnetische Einheit, deren Felder mit denen der Umwelt zusammenhängen. Einer der Pioniere der Erforschung des dynamischen Gleichgewichts von Leben und Umwelt war William F. Petersen, ehemaliger Professor der Pathologie an der University of Illinois School of Medicine in Chikago. Während einer Periode von 30 Jahren, von 1920 bis 1950, führte er eine mühevolle Untersuchung durch, die zeigte, daß menschliche biologische Rhythmen mit Wetterabläufen koordiniert sind. Er entdeckte, daß sowohl menschliche Biorhythmen** als auch Wetteränderungen auf natürliche Abläufe im Sonnen-, Mond- und Sternenzyklus zurückgeführt werden konnten.

Dr. Petersen arbeitete zu einer Zeit, als die medizinische Wissenschaft der meteorobiologischen Forschung gleichgültig gegenüberstand. Er empfing praktisch keine Ermutigung oder finanzielle Unterstützung. In einem besonders interessanten Experiment untersuchte er alle biochemischen und physiologischen Reaktionen einer Gruppe eineiiger Drillinge, die damals Medizinstudenten im zweiten Jahr an der Universität von Illinois waren. Aus den Beobachtungen entstanden für jede untersuchte Funktion Kurvenzüge. Sie wurden mit dem Verhalten der wichtigsten Wetterelemente in der örtlichen Umgebung in Beziehung gebracht. Änderungen des Verlaufs biorhythmischer Kurven hingen mit Störungen wie dem Durchzug von Warm- oder Kaltluftfronten, der Windrichtung und Änderungen des Luftdrucks zusammen. Dr. Petersen war in der Lage, das Auftreten von Krankheiten und psychologischen Störungen auf veränderte meteorologische Bedin-

* Die Länge der Erde in der Ekliptik, der Projektion der Erdbahn auf die gedachte Himmelskugel, zeigt den genauen Stand der Jahreszeit an (d. Übers.).

** Der Ausdruck Biorhythmus statt biologischer Rhythmus sollte eigentlich vermieden werden wegen der Verwechslungsgefahr mit den sogenannten Biorhythmen, deren Grundlage die haltlose Spekulation der Fließschen Periodenlehre ist (d. Übers.).

gungen zurückzuführen. Er konnte ebenso atmosphärische Gezeiten mit den rhythmischen körperlichen Veränderungen bei den Drillingen in Verbindung bringen.

Dr. Petersen kam zu der Ansicht, daß der entscheidende Faktor für die rhythmischen Erscheinungen in Gesundheit und Umwelt der in ausreichender Menge und Reinheit in der Atmosphäre verfügbare Sauerstoff war. In dieser Annahme wurde er, soweit ich weiß, sonst von keiner Veröffentlichung gestützt. Ob Sauerstoff nun ein bedeutender Faktor ist oder nicht: Die entsprechenden statistischen Zusammenhänge bleiben bestehen. Spätere Untersuchungen haben sie bestätigt.

Dr. Petersen belegte rhythmische Vorgänge in der Gesamtbevölkerung mit Untersuchungen der Häufigkeit von Geburten, Sterbefällen, Selbstmorden, psychotischen Episoden und der Geschlechtsverteilung bei Neugeborenen und bei Todesfällen. Die Sterberate stand in Beziehung zu den Krankenhauseinweisungen von psychotischen Patienten, zu Geburten und zu Wetterfaktoren. Atmosphärische Gezeiten zeigten Zusammenhänge mit den Periodizitäten von Geburten, Todesfällen und psychotischen Störungen. Dr. Petersen zog daraus den Schluß, daß die Bevölkerung in ihrer Gesamtheit auf kosmische Kräfte reagierte, wobei das Wetter das Bindeglied zum Kosmos darstellt.

Dr. Petersens Arbeit bestand zum größten Teil daraus, Individual- und Bevölkerungsrhythmen mit dem Sonnenfleckenzyklus in Beziehung zu setzen. Zugleich interessierte es ihn, Mondperiodizitäten aufzudecken. Die Anregung erhielt er vom Werk des dänischen Nobelpreisträgers Svante Arrhenius*, dessen 1898 erschienene Arbeit »Die Einwirkung kosmischer Einflüsse auf physiologische Verhältnisse« den Beginn moderner wissenschaftlicher Untersuchungen der kosmischen Einwirkungen auf den menschlichen Organismus bedeutete. Arrhenius beschrieb prägnante Mondperiodizitäten bei Todesfällen, Geburten, Menstruationen, epileptischen Anfällen und der Luftelektrizität. Dr. Petersen gelang es, lunare Rhythmen in folgenden Statistiken festzustellen: Geburts- und Sterberegister von New York und Chikago, Auftreten von Scharlach und Epilepsie, Todesfälle an Herz- und

* Der berühmte Astrophysiker wird auch anderswo als Däne bezeichnet; er war aber Schwede (d. Übers.).

Kreislauferkrankungen und an Tuberkulose und schließlich Selbstmorde. Er fand, daß unmittelbar nach Vollmond mehr Knaben und zur Zeit des Neumonds mehr Mädchen geboren wurden. In Wetterelementen wurden lunare Tendenzen erkannt.

Dr. Petersen folgerte, daß »die periodische Verformung der Erdrinde und der Meeresoberfläche infolge der wechselnden Position des Mondes ein eindrucksvolles Phänomen darstellt und es nicht unmöglich ist, daß sich solche Belastungen in der wechselnden Verteilung von Flüssigkeitsspannungen in den Organismen widerspiegeln und klinisch ihren Ausdruck in Beeinträchtigungen der Funktion empfindlicher Organe und Gewebe finden, so daß diese ihren Aufgaben nicht mehr genügen. Gesunde Individuen sind sich der Gezeitenbewegung in ihren eigenen Körpervorgängen nicht bewußt. Nur wenn das Auf und Ab der Wellen zu stark ist oder der Anstoß zu plötzlich kommt, haben wir keine Zeit zu genauem Ausgleich und empfinden zu solchen Zeiten Unbehagen und Krankheit.«

Dr. Petersen war einer der Begründer des heute anerkannten Gebietes der Meteorobiologie. Er war einer der ersten modernen Forscher, der der Anschauung Geltung verschaffte, daß menschliche Wesen kosmische Resonatoren sind, obgleich er betonte, daß dieser Gesichtspunkt in Wirklichkeit ganz alt wäre. Er betrachtete vieles an seinem Werk als Wiederentdeckung. Er verfocht nachdrücklich den Gedanken des menschlichen Organismus als eines Wesens, das abhängig von der und eingebettet in seine gesamte Umwelt ist, während diese wiederum von den Rhythmen des Universums bedingt wird. Dr. Petersen benutzte die Bezeichnung Kosmobiologie. Das ist die ideale Bezeichnung, seine gesamte Anschauung zu umschreiben*.

Russische Forscher haben die kosmobiologische Wissenschaft der Heliobiologie entwickelt. Im wesentlichen ist es das Studium der Sonne und ihres Einflusses auf das irdische Leben. Eine Reihe von Studien

* So ideal stellt sich der Ausdruck Kosmobiologie als solcher nicht dar. Gebrauch und Verständnis des Begriffes sind so vielgestaltig, daß er für die Zwecke der legitimen Biologie kaum verwendbar ist. Erschöpfende Ausführungen dazu findet man in der 1951 erschienenen Monographie von Prof. Caspers. Besonders störend wirkt die Inanspruchnahme des Ausdruckes zur Kennzeichnung astrologischer Konzeptionen. In die Nähe dieser Art von »Kosmobiologie« sollte ernste wissenschaftliche Arbeit nicht geraten (d. Übers.).

zeigt Abhängigkeiten zwischen Sonnenfleckzyklen und besonderen Ereignissen wie Unfällen, Pestepidemien, Ernteerträgen, Virusinfekten und Herzkrankheiten. Der elfjährige Sonnenfleckenzyklus ist von Forschern in aller Welt mit solchen Ereignissen in Verbindung gebracht worden.

Der russische Wissenschaftler Tschijewsky leitete 1915 eine systematische Untersuchung der Zusammenhänge zwischen verschiedenen biologischen Phänomenen und kosmischen physikalischen Größen ein. Er fand Parallelen der Änderungen, die einerseits die Sonnenaktivität, andererseits den elektrischen Zustand der Kolloide in Blut, Lymphe und Zellprotoplasma von Tieren wie auch das Wachstum von Bakterienkulturen betreffen. Später entdeckte man, daß Diphtheriebazillen in Jahren höchster Sonnenaktivität weniger toxisch waren und nahverwandten Bakterien harmloser Natur ähnlicher wurden.

1935 beobachteten japanische Wissenschaftler eine Beziehung zwischen der Sonnenaktivität und der Gerinnungszeit von menschlichem Blut. Zur Zeit des Durchgangs von Sonnenflecken durch den Zentralmeridian der Sonne stieg der Index der Blutgerinnung um mehr als das Doppelte an. Dieser Effekt stand im Zusammenhang mit der Rotationsperiode der Sonne (27 Tage) und mit dem Elfjahreszyklus der Sonnenaktivität. 1958 stellte man an Hand einer Studie von über 15000 Fällen fest, daß sich die Gesamtzahl weißer Blutkörperchen während der Perioden der Sonnenaktivität verminderte, obwohl die Zahl der Lymphozyten sich erhöhte. Man verzeichnete ein charakteristisches geographisches Merkmal dieses Effekts. Er war am stärksten in den polaren Regionen ausgeprägt und in den äquatornahen Breiten praktisch nicht vorhanden.

(Infolge der Struktur des Magnetfeldes der Erde hat der Van-Allen-Strahlungsgürtel an den Polen Einziehungen: Er hüllt den Erdball wie ein großer Krapfen ein. Auf diese Weise sind die Pole weniger vor der kosmischen Strahlung geschützt.)

Es war lange bekannt, daß der Bestand einer großen Anzahl verschiedener Organismen in Zyklen mit einer Periode von etwa elf Jahren zunimmt. Diese Rhythmizität wurde beim Wachstum von Meeresalgen und Korallenstöcken und bei der Vermehrung von Fischen, Insekten und verschiedenen Säugetieren beobachtet. Eine Abhängigkeit des Auftretens verschiedener Krankheiten von einer stärkeren

Sonnenfleckenaktivität hat man während des vergangenen Jahrhunderts wiederholt bemerkt. Tschijewsky wies in den späten 30er Jahren dieses Jahrhunderts darauf hin, daß Epidemien von Pest, Cholera, Influenza, Diphtherie und anderer Infektionskrankheiten mit Perioden vermehrter Sonnenaktivität zusammentrafen.

Sonneneruptionen infolge von Sonnenfleckenaktivität verursachen auf der Erde magnetische Stürme. Diese Störungen macht man verantwortlich für gleichzeitige Wirkungen auf das Leben. Dr. Alexander Dubrow, ein Heliobiologe aus der Sowjetunion, ist der Ansicht, daß ein entschiedener Zusammenhang zwischen Veränderungen im Magnetfeld der Erde und Herz- und Kreislauferkrankungen besteht. Die Verbindung liegt, wie er sagt, in der Fähigkeit des erdmagnetischen Feldes, »akute Veränderungen in der Durchlässigkeit der Blutgefäße« zu verursachen. Nach Dr. Dubrow kommen diese akuten Veränderungen durch Einwirkung auf eine »magische« Substanz zustande: das Wasser. »Anscheinend hängt die Steuerung mit Veränderungen zusammen, die in den Wassermolekülen der Membranen vor sich gehen.«

Diese biologische Entdeckung ist von ungeheurer Bedeutung. Membranen vermitteln so viele lebenswichtige Prozesse in unserem Körper, daß wir die Verflechtungen mit diesem kosmischen Einfluß in praktisch unendlicher Folge herausarbeiten könnten! Dr. Dubrow schloß daher, daß »... das geomagnetische Feld die Permeabilität steuert und so einen entscheidenden Einfluß auf alle Prozesse ausübt, die in lebenden Zellen, im Organismus und letztlich in der gesamten Biosphäre vor sich gehen«.

Seine Entdeckung traf mich wie ein Blitz. Ich hatte meine Theorie der biologischen Gezeiten auf dem Austausch von Wasser zwischen den flüssigkeitshaltigen Bereichen des Körpers aufgebaut, einem Austausch, der von Membranen kontrolliert wird. Wenn die Durchlässigkeit der Membranen von dem umgebenden magnetischen Feld abhängt, und wenn der Mond das erdmagnetische Feld beeinflußt, ist eine mögliche Ursachenkette zwischen dem Mond und der Flüssigkeitsverteilung im Körper hergestellt. Wenn sich diese Anschauungen bestätigen lassen sollten, hat Dr. Dubrow ein Glied zur Theorie biologischer Gezeiten beigesteuert. Seine Arbeit betrifft viele Gebiete der biologischen Wissenschaften. Seine Entdeckung einer Einwirkung des irdischen Magnetfeldes auf die Vererbung ist ebenfalls von großer möglicher Bedeutung.

Seine Resultate führten Dr. Dubrow, wie wir gesehen haben, zu der Vermutung, Magnetfelder bewirkten Veränderungen an Wassermolekülen. Wasser, eine scheinbar so schlichte Substanz, kann erstaunliche Veränderungen erfahren. Die unbeständige Natur des Wassers interessierte den verstorbenen Professor Giorgio Piccardi, den ehemaligen Direktor des Instituts für physikalische Chemie in Florenz. Er kam mit der Frage in Berührung, als er den Auftrag bekam, eine Methode zu entwickeln, Industriedampfkessel vom Kesselstein zu befreien. Er behandelte oder »aktivierte« Wasser und verwendete es dann, um die Ablagerungen zu lösen. Sein Verfahren bewährte sich, aber mit wechselndem Erfolg. Von Zeit zu Zeit und von Ort zu Ort entwickelte es eine unterschiedliche Wirksamkeit. Professor Piccardi wunderte sich über diese Unterschiede und beschloß, die Eigenheiten des Wassers näher zu untersuchen.

Er stellte in seinem Labor Teströhrchen mit destilliertem Wasser auf. Die Hälfte der Gläser blieb zur Umgebung hin offen, die andere Hälfte wurde mit Drahtgaze abgeschirmt. Alle Reagenzgläser versetzte er mit der chemischen Verbindung Wismutoxychlorid, das einen kolloiden Niederschlag im Wasser bildete.

Professor Piccardi stellte fest, daß das Ausmaß der Fällung in den unabgeschirmten Teströhrchen signifikant abwich von dem in den abgeschirmten. Mehrere Jahre lang wurden täglich dreimal Messungen der Menge des kolloiden Niederschlags unter verschiedenen Versuchsbedingungen vorgenommen, wobei sowohl gereinigtes als auch »aktiviertes« Wasser verwendet wurde. Man entdeckte, daß der Grad der Fällung von Kolloiden sich änderte mit Sonnenaktivität, Mondphasen, kosmischen Strahlungen, Planetenbewegungen gegenüber der Erde und anderen kosmischen Vorgängen. Die Ergebnisse seiner Abschirmexperimente veranlaßten Professor Piccardi zu dem Schluß, daß Schwankungen der Niederschlagsrate vom Magnetfeld der Erde vermittelt werden. Er fand, wie Dr. Dubrow, daß das Magnetfeld das Medium war, über das kosmische Vorgänge einen Einfluß auf die physikalischen Eigenschaften des Wassers ausübten. Es war daher natürlich anzunehmen, falls Wasser verschiedene physikalische Zustände in Abhängigkeit von den natürlichen Veränderungen umgebender erdmagnetischer Felder annehmen konnte, daß Wasser in kolloiden Lösungen (aus denen der größte Teil der meisten pflanzlichen und tierischen Organismen besteht) gleichfalls durch kosmische Geschehnisse beeinflußt werden könnte.

Kosmische Störungen verursachten äußerst auffällige Veränderungen des Fällungsgrades in Piccardis Experimenten. Die Körperflüssigkeit von Tieren und Menschen wird zweifellos in ähnlicher Art beeinflußt – eine Entdeckung von großer Wichtigkeit für die Theorie der biologischen Gezeiten.

Eine Änderung der physikalischen Eigenschaften von Körperflüssigkeiten könnte zu Veränderungen der Speicherung von Flüssigkeiten führen, zu Veränderungen der Geschwindigkeit, mit der Flüssigkeiten Membranen passieren, zu Veränderungen des Blutdrucks und Veränderungen in der Herzleistung. Die Fähigkeit der Zellen, Wasser aufzunehmen, die elektrische Leitfähigkeit der Körpergewebe und die Frequenz von Nervenimpulsen würden ebenfalls dieser Wirkung unterliegen. Der »Piccardi-Effekt« beim Wasser weist auf die Möglichkeit hin, daß kosmische Erscheinungen über das Medium elektromagnetischer Felder auf körperliche Vorgänge einwirken.

Professor Piccardi deckte einen Unterschied in den physikalischen Eigenschaften von Wasser und kolloiden Lösungen unter verschiedenen geographischen Breiten auf. Er schrieb diesen Unterschied der wechselnden Intensität des irdischen Magnetfeldes in verschiedenen Breiten zu. Diese Beobachtung könnte eine wichtige Bestätigung bei der Klärung der Erscheinung der Breiten-Drift sein.

Die Arbeit von Dr. Siegnot Lang, von der Universität des Saarlandes, stützt die Konzeptionen von Professor Piccardi. Dr. Lang interessierte es, die Wirkungen elektrostatischer Felder auf die Physiologie und das Verhalten von Ratten und Mäusen zu bestimmen. Tiere, die man in einen Faradayschen Käfig gesetzt hatte, der 99% der elektrostatischen Kräfte der Erde wirkungsvoll abschirmt, zeigten ein ungewöhnliches Anwachsen von Flüssigkeitsspeicherung und Körpergewicht mit mehr als zufälliger Veränderung physiologischer Funktionen und des Verhaltens. Während der Beobachtung waren Hormonhaushalt, chemische Körpervorgänge und neuromuskuläre Reizbarkeit auffallend verändert. Die Abschirmung mittels eines Faradayschen Käfigs stellt einen menschlichen Eingriff in das die Tiere rings umgebende, durchdringende elektromagnetische Feld dar. So gesehen, verursachte Dr. Lang im Laboratorium eine kosmische Störung.

Die Abwandlung im physikalischen Zustand der Körperflüssigkeiten des Tieres hatte die schon erwähnten Veränderungen im Flüssigkeits- und Elektrolythaushalt zur Folge. Durch eine Störung der natürlichen elektromagnetischen Umweltkräfte wurde in den Tieren ein Piccardi-Effekt und als dessen Folge eine künstliche biologische Flut erzeugt.

Verhaltensforschung unter dem Einfluß der geophysikalischen Umwelt ist in letzter Zeit vermehrt betrieben worden, aber bisher sind wir noch nicht zum Kern der Sache vorgedrungen. Die meisten Untersuchungen werfen mehr Fragen auf als sie beantworten. Das ist typisch für ein Gebiet in einem frühen Entwicklungsstadium. 1963 verzeichnete Dr. Robert Becker einen Zusammenhang der Aufnahmen in psychiatrische Kliniken mit der Partikelstrahlung der Sonne (oder mit Änderungen im Sonnenfleckenzyklus). Später berichtete er von Beziehungen geomagnetischer Unruhe zu gestörtem Verhalten von Patienten auf psychiatrischen Stationen sowie von der Wirkung magnetischer Felder auf die Reaktionszeit und Leistung beim Menschen. Seine Ergebnisse deuteten darauf hin, daß die Abwandlung von Magnetfeldern die Reaktionszeit bedeutend beeinflußt und daher auch die Ausführung von Verrichtungen beim Menschen beeinträchtigen kann. Außerdem war das Verhalten psychiatrischer Patienten von der Aktivität kosmischer Strahlen abhängig. (Kosmische Strahlen stellen eine meßbare Größe dar, die Beziehungen zur geomagnetischen Aktivität der Umgebung aufweist. Das Magnetfeld der Erde hilft, uns vor gefährlicher kosmischer Strahlung zu schützen; die Menge kosmischer Strahlen, die die Erde erreicht, ist ein Hinweis auf die relative Stärke des erdmagnetischen Feldes.)

1968 bewiesen R. Bokonjic und N. Zec von der Medizinischen Fakultät der Universität Sarajevo eine Beziehung zwischen Schlaganfällen und Schwankungen von Luftdruck, Temperatur und Luftfeuchte.

Dr. Floyd Dunn, Professor für Elektrotechnik und Biophysik an der Universität von Illinois, und John Green von den Bell-Laboratorien setzten die Häufigkeit von Autounfällen in Beziehung zu hohen Graden von Infraschall. Dieser besitzt eine äußerst niedrige Schallfrequenz. Sie ist so niedrig, daß wir ihn nicht hören können. Obgleich der

Infraschall unterhalb unserer Hörschwelle bleibt, wirkt er in vieler Hinsicht auf uns ein. Bei mäßiger Stärke bereitet er uns Unbehagen und Unruhe. In der Dunn-Green-Studie wird diese Wirkung für die Zunahme der Unfälle verantwortlich gemacht. Infraschall von großer Intensität kann durch Zerstörung lebender Gewebe tödlich wirken. Zum Glück erreicht auf natürliche Weise entstandener Infraschall diese Stärke nicht. In der Natur hat er eine spezielle, durchdringende Wirkung. Man nimmt an, daß er durch magnetische Stürme erzeugt wird, die aus solaren Störungen herrühren.

Dr. Felix Gad Sulman hat nachgewiesen, daß Zeiten mit heißem, trockenem Wind, der unter verschiedenen Namen als Sharav, Föhn, Schirokko oder Harmattan bekannt ist, mit spürbarer Zunahme von Unruhe und Reizbarkeit bei Mensch und Tier verbunden sind. In Gegenden, die eben und an drei Seiten von Bergketten umgeben sind, ist das Auftreten dieses »bösen Windes« mit zunehmendem Leidensdruck und mit Tod unter den physisch und seelisch Kranken verbunden. Anscheinend ändert sich das Ionengleichgewicht der Atmosphäre mit dem Auftreten des bösen Windes. Mehrfach positiv geladene Ionen aus der Atmosphäre werden am Boden festgehalten. Nach den Forschungsergebnissen Dr. Sulmans, der in Israel arbeitet, und Dr. Albert P. Kruegers, von der Universität von Kalifornien in Berkeley, besteht die Wirkung von Ionen mit mehrfach positiver Ladung auf Menschen daraus, daß Serotonin vermehrt gebildet wird, eine der Substanzen des Körpers, die als Neurotransmitter* dienen. Eine starke Vermehrung des Serotonins kann einen Menschen nervös, reizbar und depressiv machen. Ist ein Individuum bereits krank oder für Erregungssteigerungen veranlagt, kann diese Einwirkung schwerwiegende Folgen haben. (Umgekehrt bringt ein Übermaß negativer Ionen ein Gefühl des Wohlbefindens mit sich. Stürzendes Wasser erzeugt negative Ionen. Das ist einer der Gründe, weshalb so viele Leute so gern ausdauernd duschen oder sich an großen Wasserfällen wie dem Niagara aufhalten.)

Menschen in Gegenden, die von »bösen Winden« heimgesucht werden, erklären gewöhnlich schlechte Stimmungen und seltsames Verhal-

* Neurotransmitter sind Überträger von Nervenimpulsen. Sie vermitteln solche Impulse in den winzigen Spaltbildungen, die an den Berührungsstellen zweier Abschnitte von Nervenleitungsbahnen entstehen (d. Übers.).

ten als durch »den Wind« verursacht. Wenn der »böse Wind« weht, wollen manche Chirurgen nicht operieren, ausgenommen im Notfall, weil sie meinen, daß solche Zeiten besonders ungünstig seien. Die Annäherung der Front eines Tiefs führt gleichfalls zu Ansammlungen positiver Ionen. Fast jeder empfindet einen Stimmungswandel, wenn sich ein Sturm zusammenbraut.

Das Wetter ändert nicht allein die Ionenverteilung in der Atmosphäre, sondern es bewirkt, wie schon gesagt, auch elektromagnetische Störungen. Diese treten in Gestalt elektromagnetischer Felder mit extrem niedriger Frequenz (ELF) auf. Klaus-Peter und Margitta Ossenkopp haben sich in einer Studie über Selbstverletzungen und Mondzyklus darüber Gedanken gemacht, ob elektromagnetische Störungen, die indirekt mit der lunaren Rhythmik verbunden sind, eine Wirkung auf menschliches Verhalten hätten. Sie entdeckten eine überzufällige Korrelation zwischen dem Mondzyklus und selbstzugefügten Verletzungen bei Frauen und fragten sich, ob das weibliche Hormonsystem auf diese Art von ELF-Störungen besonders empfindlich reagiert.

ELF-Wellen könnten ebensogut durch die Einwirkung des Mondes auf das Magnetfeld der Erde wie durch das Wetter entstehen. Die Ossenkopps schrieben: »Wenn von Wetteränderungen herrührende ELF-Wellen oder vielleicht sogar energiereiche Teilchen, die während gewisser Phasen des lunaren Zyklus aus dem magnetischen Schweif der Erde freigeworden sind, in irgendeiner Weise den Hormonhaushalt von Frauen ähnlich beeinflussen wie den Beginn der Menstruation, könnte das den Anteil der Frauen erklären, den wir in dieser Studie gefunden haben.«

Die Vermutung der Ossenkopps von dem Einfluß des Mondes auf den magnetischen Schweif der Erde ist äußerst beeindruckend. Während der Vollmondphase könnten Massen energiereicher Teilchen freiwerden: »Bei Vollmond durchquert der Mond den Schweif und bleibt darin etwa vier Tage.« Wissenschaftler haben die Vermutung geäußert, daß dieses Phänomen vielleicht die Häufigkeit so sehr verschiedener Ereignisse wie selbstzerstörerisches Verhalten und Unwetter beeinflußt.

Meteorologen haben erwogen, ob die Anziehungskraft des Mondes die Menge Meteorstaub reguliert, die in die Atmosphäre gelangt.

Tatsächlich kann der Mond über eine Verformung der Ausprägung anderer kosmischer Einflüsse auf unseren Planeten einwirken. Falls zum Beispiel der Mond Strahlungen von der Sonne (Sonnenwind) hindert, könnten kosmische Schauer für kurze Zeit ferngehalten werden. Es ist wahrscheinlich ein »kleiner Effekt«, aber wir sollten ihn nicht abschreiben. Wir haben gesehen, wie scheinbar kleine Wirkungen mit fortschreitender Forschung enorme Wichtigkeit erlangen können.

Dr. Robert Becker (dessen Arbeit über den Zusammenhang von Einweisungen in Nervenheilanstalten mit dem Sonnenfleckenzyklus schon erwähnt wurde) leistete Pionierarbeit auf dem Gebiet allerfeinster elektromagnetischer Wirkungen. Dr. Becker ist Professor für orthopädische Chirurgie an der Universität von Syracuse, außerdem Medical Investigator am Syracuse Hospital der amerikanischen Veteranenvereinigung.

In den 50er Jahren erwachte sein Interesse an Burrs früherer Entdeckung des Unterschiedes zwischen den elektrischen Potentialen von gesundem und geschädigtem Gewebe, und er begann eine gründliche Studie der elektrischen Verhältnisse bei der Wundheilung. Bald nach Beginn seiner Arbeit erkannte er elektrische Veränderungen am Ort frischer Gewebsverletzungen.

Er nannte diese Veränderungen »Verletzungsstrom«, und es gelang ihm in der Folgezeit nachzuweisen, daß diese elektrischen Veränderungen der Heilung und den regenerativen Prozessen der geschädigten Gewebe förderlich waren. Es ist möglich, daß der Unterschied des elektrischen Zustandes zwischen gesundem und verletztem Gewebe das ist, was durch die Kirlian-Fotografie dargestellt und als Energiefelder bezeichnet wurde.

Dr. Becker stellte fest, daß Nervengewebe winzige Mengen Gleichstrom erzeugt. Er war in der Lage, das Entstehen von Ministrömen zu verfolgen, sowohl zu den Zellen der Nervenscheiden, die alle peripheren Nerven umkleiden, wie zu den Glia- und Geflechtzellen, die die Nervenstrukturen des Zentralnervensystems (Gehirn und Rückenmark) durchflechten und stützen. Diese elektrischen Ströme existieren unabhängig von dem System der Aktionspotentiale, das Nervenreize entlang den Nervenfasern selbst leitet.

Dr. Becker glaubt, daß das elektrische Gleichstrom-System, vom Standpunkt der Evolution aus betrachtet, dem System des Aktionspotentials vorangeht und tatsächlich vielleicht der Vorgänger dieses Systems ist. Der Grundriß der Systeme elektrischen Potentials des Gesamtkörpers von Organismen hat gezeigt, daß elektrische Kraftlinien sich in einem Schema anordnen, das mit den Nervenbahnen dieses Organismus identisch ist.

Als Ergebnis seiner Untersuchungen stellte Dr. Becker eine Theorie der Entwicklung und der Funktion des Nervensystems auf. Dessen elektrische Tätigkeit verläuft, wie er glaubt, als ein zweigleisiger Prozeß.

Auf der einen Seite steht der Gleichstromfluß für das Wachstum und die Entwicklung des Nervensystems, des Organsystems und der Zellvorgänge im Organismus selber. Dieses Gleichstrom-System ähnelt in seinen Eigenschaften einem Analog-Computer mit den Funktionen fester Halbleiter. Auf der anderen Seite gibt es das vertraute Aktionspotential-System, das Nervenimpulse die Nervenfasern entlang leitet. Seine Funktionen gleichen denen eines Digital-Computers.

Dr. Becker fand heraus, daß die zwei Teile des Doppelsystems mittels »Verstärkerknoten« verbunden sind, die in Abständen unter den Nervenverzweigungen angeordnet sind. Mit diesen Verstärkerstellen können Änderungen im Gleichstrom-System die Ausbreitung der Aktionspotentiale entlang den Nervenfasern verstärken oder abwandeln. Diese Verstärkerknoten sind identisch mit den ihrer Lage nach gut bestimmten Akupunkturstellen, die in alter und moderner Literatur beschrieben werden.

Auf dem Weg über dieses Gleichstrom-System »fühlen« wir, wie Dr. Becker vermutet, Veränderungen in der elektromagnetischen Umwelt: »Dieses System ist an der Aufnahme von Reizen durch Schädigung oder Verletzung – was wir als Schmerz empfinden – sowie an der Steuerung verschiedener Heilungsprozesse einschließlich der von Knochengewebe beteiligt. Seine Natur macht es empfänglich für Störungen von seiten elektrischer und magnetischer Felder.

Es ist die Hypothese aufzustellen, daß das Gleichstrom-System die Verbindung zwischen den biologischen und den geomagnetischen Zyklen herstellt.« Falls das zutrifft, könnte es sich vielleicht auf die vermuteten Verstärkerknoten auswirken.

Wir sind uns natürlich der Wirkungen der Umwelt auf dieses System nicht bewußt. Deshalb haben seine Funktionen uns Rätsel aufgegeben, die wir nicht lösen konnten. Wenn Dr. Beckers Theorie zutrifft, können wir besser verstehen, wie der biologische Kompaß wirkt, wie magnetische Stürme infolge von Sonnenflecken unsere Gesundheit und unser Verhalten stören und wie der Mond vielleicht mit dem Nervensystem verbunden ist. Nach Dr. Becker ist »die Wirkung des Mondes auf lebende Wesen... ein ›Phänomen zweiter Ordnung‹, abhängig von der Position des Mondes in dem geophysikalischen System von Erde–Mond–Sonne, das zyklische Veränderungen im Magnetfeld der Erde hervorruft«.

Dr. Beckers Arbeit lag hauptsächlich auf dem Gebiet der Wundheilung und der Wiederherstellung von Knochenbrüchen. Er hat mit der Anwendung schwacher elektrischer Ströme experimentiert, mit denen er elektromagnetische Felder geringer Stärke als Behandlungsverfahren erzeugte. Er glaubt, dies sei eine einfache Methode, den natürlichen Heilungsprozeß anzuregen, der sich ähnlicher Ströme biologischer Herkunft bedient. Obgleich seine Technik nachweislich Erfolge gebracht hat, warnt Dr. Becker vor einer vorzeitigen, weitgestreuten Anwendung. Er betont nachdrücklich, daß nicht alle Wirkungen bekannt sind.

Als Dr. Becker in den fünfziger Jahren erstmals seine Entdeckungen veröffentlichte, spotteten seine Wissenschaftskollegen. Seitdem aber teilt die Wissenschaft in wachsendem Maße seine Ansichten. Ganz ähnlichen Widerstand hat es auch bei der Aufnahme der Ergebnisse sowjetischer Forscher auf verwandten Gebieten gegeben, teils wegen einer vom kalten Krieg her nachwirkenden Haltung und teils, weil die Russen umfangreiche Arbeit auf Gebieten geleistet haben, deren Beachtung die meisten amerikanischen Wissenschaftler für unter ihrer Würde halten. Erst jetzt beginnen wir, uns zu vergegenwärtigen, daß die Russen ein sehr großes Wissen von der geophysikalischen Umwelt gesammelt haben.

Russische Wissenschaftler entdeckten, daß die biologische Funktion von Pflanzen, Tieren und menschlichen Wesen durch experimentell erzeugte elektromagnetische Felder (hier als EMF bezeichnet) beeinflußt wird, die ungefähr ebenso stark sind wie die, die die Erde umgeben. Auf Prozesse, wie unter anderem auf Wachstum und Entwicklung, wirken Änderungen der umgebenden elektromagnetischen Felder ein. Diese Felder haben auch einen gestaltenden Effekt hinsichtlich Zellstruktur von Pflanzen und Tieren und spielen vielleicht eine unabdingbare Rolle bei der Entwicklung des Lebens.*

Die Wirkungen von EMFs geringer Feldstärke stehen in keinem Zusammenhang mit den zersetzenden und Hitzeeffekten, die von hochintensiven elektromagnetischen Strahlungen, wie Röntgenstrahlen, Gamma-Strahlen und ultrakurzen Radiowellen herrühren. Viele der Wirkungen, für die Dr. Presman Belege hat, werden von schwachen Feldern erzeugt, deren Stärke in Übereinstimmung mit natürlichen elektromagnetischen Feldern steht. Er hält es für erforderlich, solche Felder als Informationsübermittler für den Organismus, zwischen einzelnen Organismen und sogar innerhalb unseres Körpers anzusehen.

Lebende Wesen werden ständig von Schwankungen in den natürlichen, uns umgebenden EMFs betroffen. Dieser EMF-»Lärm« wird durch Phänomene wie Sonnenflecken und Sonneneruptionstätigkeit oder das Zusammentreffen von Planetenzyklen verursacht. Man hat festgestellt, daß die periodischen Änderungen der natürlichen EMFs der Umwelt eine steuernde Wirkung auf die lebenswichtigen Funktionen haben, zum Beispiel auf die Rhythmen der wichtigsten physiologischen Prozesse, auf die Fähigkeit der Tiere, sich im Raum zu orientieren und ihren Bestand zu vermehren. Die Systeme zur Aufnahme EMF-übermittelter Information sind im lebenden Organismus gegen eine störende Einwirkung des natürlichen Elektromagnetismus geschützt. Bei krankhaften Zuständen bringen plötzliche Störungen der EMFs (z.B. solare Eruptionen und Blitzentladungen) die Regulation physiologischer Prozesse durcheinander. Es gibt Beweise, daß lebende Organismen im Laufe ihrer Evolution sich der EMFs bedient haben, um Kenntnis von Änderungen in der natürlichen Umwelt zu erhalten. Mit Hilfe der EMFs können Informationen innerhalb jeden Mediums, in dem lebende Organismen sich aufhalten, und unter allen meteorologischen Bedingungen vermittelt werden.

Dr. Presmans Konzept von dem Regulierungseffekt natürlicher EMFs ergänzt sowohl Frank Browns Theorie biologischer, von (äuße-

* Viele der von den Russen zusammengestellten Daten waren bis vor kurzem für uns nicht zugänglich. Aleksandr S. Presmans Buch »Elektromagnetische Felder und Leben«, zu Beginn dieses Jahrzehnts übersetzt, brachte vieles von dem, was wir jetzt von der Arbeit russischer Forschungsstätten auf diesem Gebiet wissen.

ren) Zeitgebern gesteuerter Rhythmen als auch meine eigene Theorie biologischer Gezeiten. Wie Informationen durch EMFs übermittelt werden, ist nicht genau bekannt. Es ist vielleicht möglich, daß Störungen der Physiologie mit Hilfe direkter Einwirkung der EMFs auf die verschiedenen Teile des Nervensystems in Gang gebracht werden. (Diese Möglichkeit stützt Dr. Beckers Vorstellung von Verstärkerknoten als Empfangsstellen im Nervensystem). Dr. Presman glaubt, daß das Zentralnervensystem, die Großhirnrinde und der Hypothalamus* anscheinend am empfänglichsten für EMFs sind.

Ein in jüngster Zeit entwickeltes, verfeinertes Instrumentarium, zuerst im Rahmen des Raumfahrtprogramms angewendet, wurde eingesetzt, um sehr schwache EMFs aufzuspüren, die sich um tätige Nerven, Muskeln und das Herz von Tieren bilden.

Gerade die Tatsache der Entdeckung eines EMFs rings um isolierte Zellen und Organe und ebenso um den Organismus in seiner Gesamtheit weist auf die Möglichkeit hin, daß ein Informationsaustausch unter Tieren mit Hilfe der EMFs besteht.

Dr. Presman verzeichnet vier mögliche Formen biologischer Informationsübertragung zwischen und innerhalb von Tierbeständen. Der erste Typus solcher Übertragung ist für die prompte Einordnung der Tätigkeit eines Individuums in den Rahmen einer Tiergruppe oder -gemeinschaft verantwortlich. Vermutlich gehen gleichzeitige Richtungsänderungen von Vögeln eines Schwarmes oder von Fischen einer Schule oder auch die rasche Koordination gewisser Insekten auf entsprechende Verbindungen zurück (sie handeln alle, als hätten sie nur »einen Willen«). Eine Verbindung wird über relativ kurze Entfernung hergestellt und kann mit schwachen Signalen, die einen geringen Informationsgehalt haben, wirksam werden.

Die zweite Form von Übertragung ist eine verhältnismäßig langsame Signalvermittlung. Man könnte sie als Erklärung für die erstaunliche Fähigkeit vieler Tiere ansehen, auf ihrem Weg zueinander eine Entfernung zu überbrücken. Die dritte Art biologischer Informationsübertragung ist der langsame Informationsaustausch zwischen Individuen eines Bestandes oder einer Art durch EMFs. Der vierte Typus umfaßt

* Der Hypothalamus ist ein Gebiet mit vielfältigen Funktionen in der Tiefe des Großhirns (d. Übers.).

das Verhalten und die Entwicklung von Tieren in Gruppen und Gemeinschaften in Abstimmung mit EMFS der Umgebung. Wenn die Presman-Modelle für die Übermittlung biologischer Information auch vage bleiben, können sie doch einen Rahmen für das Verständnis sogenannter außersinnlicher Wahrnehmung bilden.

Die Arbeit vieler Forscher weist auf die Existenz eines unsichtbaren, aber lebenswichtigen elektromagnetischen Universums hin. Durch EMFs nehmen wir Schlüsselreize für den biologischen Zeitablauf auf, teilen uns mit und steuern unsere Lebenssysteme. Durch EMFs stehen wir im Einklang mit dem Kosmos.

Die amerikanischen Forscher Stanley Krippner und Sally Ann Drukker haben darauf hingewiesen, daß die Technik der Kirlian-Fotografie das elektromagnetische Bild des Lebendigen sichtbar machen könnte. Die Kirlian-Fotografie oder Elektrofotografie betrifft die Abbildung der Strahlung von Objekten, die sich zwischen Elektroden in einem hohen Spannungsgefälle befinden. Viele Kirlian-Fotografien zeigen Helligkeit, die von gut lokalisierten Akupunkturstellen ausgeht, und die vielleicht, wie Dr. Becker glaubt, die Lage der Verstärkerknoten im Nervensystem angibt. Kirlian-Fotografien, alte und neue Lagepläne von Akupunkturstellen und die jüngste Theorie zweigleisiger Datenübermittlung des Nervensystems scheinen allesamt dasselbe Phänomen aus verschiedener Sicht und mit Hilfe verschiedener Techniken zu bestimmen. Eine Körperfunktion nimmt jetzt Gestalt an. Wir beginnen, unsere Bindung an den Kosmos zu erkennen.

Professor Presman zeigte die Empfindlichkeit von körpereigenen EMFs auf magnetische Störungen. Eine Bestätigung sollte von der Elektrofotografie her kommen, wenn diese tatsächlich EMFs der lebenden Substanz abbildet. Nach Krippner und Drucker stellte Viktor Adamenko 1970 die Verbindung zwischen den Veränderungen der Felder von Objekten, die Semyon und Valentina Kirlian fotografierten, und verschiedenen Ausprägungen der elektrischen Felder der Erde her.

Forscher in vielen Ländern haben herausgefunden, daß die Kirlian-Fotografie ein weiteres geheimnisvolles Phänomen erhellt: psychisches Heilen. Elektrofotografien der Finger von solchen psychischen Behandlern zeigen höchst augenfällige Veränderungen, wenn die Heilkundigen ihre Kräfte »einschalten«. Diese Therapeuten üben eine uralte Form der Medizin aus. Ist Dr. Beckers Behandlung mit schwachen EMFs ihr modernes Gegenstück? Wenn ja, müssen die Wissenschaftler wohl ihre Vorstellungen von der alten Medizin ändern.

7. Die Rolle des Mondes bei der Evolution

Warum verdorrte der menschliche Sproß nicht in den Tiefen des Pliozäns?*... Wir wissen nur: Ohne ein Geschenk der Sterne, ohne eine Zufallskollision zwischen Strahl und Gen, würde die Intelligenz auf irgendeinem verlorenen afrikanischen Feld untergegangen sein.

Robert Ardrey

Der Mond war ständiger Begleiter der Erde während der Äonen, in denen das Leben sich entwickelte. Weil von unseren vorzeitlichen Ahnen behauptet wird, sie seien aus dem Meer aufgetaucht, kann man vernünftigerweise erwarten, daß sie eine besondere Empfindungsfähigkeit für den Gezeitenwechsel in sich trugen. Die Offenkundigkeit des Mondeinflusses auf die Evolution stellt ein besonders gewichtiges Argument zugunsten der Theorie der biologischen Gezeiten dar.

Der Erste, der die moderne wissenschaftliche Theorie der Herkunft des Lebens aus dem Meer formulierte, war Erasmus Darwin, der Großvater des berühmten Charles Darwin. In seinem biologischen Epos *Der Tempel der Natur* zeichnete Großvater Darwin die unsterblichen Verse auf:

Organisches Leben unter uferlosen Wassern geboren,
Genährt in des Ozeans perlenreichen Tiefen.

Der Gedanke, daß das Leben dem Meer entstieg, ist keineswegs ausschließlich das Ergebnis wissenschaftlicher Überlegung. Schöpfungsmythen sprechen vom Meer als der Heimat frühester Lebensäußerungen. Robert Graves gibt uns diesen Bericht von dem homerischen Schöpfungsmythos: »Manche sagen, daß alle Götter und alle

* Jüngste Stufe des Erdzeitalters Tertiär (d. Übers.).

Lebewesen dem Strom des Okeanos entstammen, der die Welt umgürtet, und daß Thetis die Mutter aller seiner Kinder war.«

Was veranlaßte bei unseren Vorfahren die Vorstellung, daß das Leben seinen Ursprung im Meer hatte? ».... und die Sammlung der Wasser nannte er Meer. Und GOTT sah, daß es gut war.« Haben sie das einfach nur geahnt? Gibt es eine Rassenerinnerung an die Evolution, die diese Mythen ausbilden ließ?

Der Ursprung des Lebens im Meer, jetzt als wissenschaftliche Tatsache anerkannt, bedeutet, daß der Mond, der den Rhythmus der Meeresgezeiten bestimmt, bei der Evolution eine wesentliche Rolle spielte. Der ständige Mondrhythmus begleitete jede Stufe des fortschreitenden Lebenskampfes um immer kompliziertere Organisationsformen der Existenz.

In seinem klassischen Werk *Die Abstammung des Menschen* wies Charles Darwin darauf hin, daß der Einfluß des Mondes ein Beweis für die Entwicklung des Menschen aus niederen Lebensformen wäre: »Der Mensch ist wie andere Säugetiere, Vögel und selbst Insekten dem geheimnisvollen Gesetz unterworfen, das gewisse natürliche Vorgänge wie Schwangerschaft und ebenso Ausbildung und Dauer verschiedener Krankheiten veranlaßt, den Mondperioden zu folgen.« Darwin fand den Schlüssel zu diesem »geheimnisvollen Gesetz« in der Entwicklungsstufe, in der das Leben aus dem Meer emporgetaucht war und sich zu dem großen Abenteuer »Landtier« anschickte, das zur Entwicklung des Menschen führte. Dieses »Auftauchen« hat offenbar der Anpassung vieler Generationen bedurft. Es entwickelten sich Tiere, deren Gestalt die Mitte zwischen den eigentlichen Fischen und den späteren Amphibien hielt. Noch heute existieren solche Tiere: der südamerikanische Lungenfisch ist solch ein Beispiel.

Die Spuren dieses vorzeitlichen Geschehens sind noch sichtbar in der Entwicklung des menschlichen Embryos. Charles Darwin schrieb, die Ahnenreihe des Menschen nachzeichnend: »In einem noch früheren Zeitabschnitt müssen die Vorväter des Menschen ihrer Lebensweise nach noch Wasserbewohner gewesen sein, denn die Morphologie zeigt uns deutlich, daß unsere Lungen eine Art abgewandelter Schwimmblase darstellen, die einst den Auftrieb im Wasser besorgte. Die Spalten am Hals des menschlichen Embryos geben an, wo einst die Kiemen saßen. Mit den lunaren bzw. wöchentlich wiederkehrenden

Perioden einiger unserer Funktionen tragen wir anscheinend noch Spuren unserer vorzeitlichen Geburtsstätte, eines von den Gezeiten bespülten Strandes.«

Im entscheidenden Zeitpunkt der Evolution muß der Gezeitenrhythmus für diese Organismen von großer Wichtigkeit gewesen sein. »Die Bewohner der Meeresküste«, schrieb Darwin, »müssen in starkem Maße von den Gezeiten berührt werden. Tiere, die dort in Bereichen wohnen, in denen sich das mittlere Hoch- oder Niedrigwasser auswirkt, durchlaufen innerhalb von zwei Wochen einen kompletten Zyklus des Gezeitenwechsels. So unterliegt auch ihre Nahrungsversorgung von Woche zu Woche auffallenden Veränderungen. Die Lebensfunktionen solcher Tiere, die viele Generationen lang unter diesen Bedingungen leben, müssen zwangsläufig in regelmäßigen Wochenperioden ablaufen. Es ist nun eine geheimnisvolle Tatsache, daß bei den höheren Landwirbeltieren, ebenso wie bei anderen Tierklassen, viele normale wie anormale Prozesse Rhythmen von einer oder mehreren Wochen aufweisen. Dies würde verständlich, wenn die Wirbeltiere von einer Lebensform abstammten, die mit den heutigen Manteltieren der Gezeitenzonen verwandt ist.«

Die täglichen Fluten müssen eine allfällige und willkommene Erholung von der ungewohnten trocken gefallenen Umgebung gewesen sein, in der sich diese Tiere selbst befanden. Das von dem rhythmischen Pulsschlag der Gezeiten begleitete Auftauchen aus dem Meer war eben sowohl ein traumatischer Vorgang als auch eine triumphierende Anpassung. Das Wogen der Gezeiten bringt ebenso Wehmut wie Besorgnis mit sich. Es weckt die Erinnerung an eine Zeit, als hier oder dort eine große Trockenheit Wassertiere zwang, sich eine neue Form des Fortlebens zu suchen.

Diese Katastrophe – die Austrocknung des Meeres – war auch in einem anderen Sinne ein wichtiger Wendepunkt der Evolution. In seiner Untersuchung zur Entwicklung der Sexualität weist der Psychiater Sándor Ferenczi darauf hin, daß genau in diesem Augenblick der Evolution Aggression und geschlechtliche Sexualität sich miteinander verbanden. Als Freud-Schüler vermutete Ferenczi, daß ».... der Kampfzustand in Verbindung mit den frühesten Versuchen geschlechtlicher Vereinigung in Wahrheit ein Streit um Wasser, um Feuchtigkeit war und daß diese Phase des Kampfes in der sadistischen Komponente des Geschlechtsaktes ihre Wiederholung erlebt, wenn auch nur symbolisch und im Spiel und selbst bei so entfernten Nachfahren, wie sie das Menschengeschlecht für diese frühesten Ahnen darstellt.«

Es gibt mehrere Urvorkommnisse in einer von den Gezeiten geprägten Umwelt, an der der Mondrhythmus mitwirkt. Ferenczis Erwägungen zum Ursprung des Kampfes der Geschlechter erregen unsere besondere Aufmerksamkeit. Er glaubt, daß es in einer vom Mond beherrschten Umgebung begann. Solche Betrachtungsweise trägt viel dazu bei, die Verknüpfung sexueller wie auch aggressiver Antriebe mit der Mondperiodizität zu erklären. Rhythmische Verhaltensmuster im Leben der Tiere sind genauso ein Erzeugnis und ein Kunstkniff der Entwicklung wie Augen, Flossen, Schwänze und Füße. Aber tief wurzelnde Rhythmen sind nicht sichtbar; sie werden also in vielen Fällen übersehen. Mein Kollege Frank Brown sagt dazu: »Lebende Wesen sind durchdringenden Periodizitäten der Umwelt ausgesetzt, wo immer sie sind und in jedem Stadium ihres Lebenslaufes: von den Keimzellen bis zum Erwachsenenalter. Man könnte denken, daß die wiederkehrenden geophysikalischen Verhältnisse von Sonnen–Tag und Mond–Tag sehr frühzeitig im Zuge der Entwicklung des Lebens als Schablone dienten, nach der biologische Abfolgen ursächlich verbundener Ereignisse ausgebildet wurden.«

Sonne und Mond haben ihre Spuren im Zeitplan des Lebens auf seinen grundlegenden Ebenen hinterlassen. Es ist sehr zweckgemäß, daß der tägliche Rhythmus der Sonne als Grundschablone für eine regelmäßige Zeiteinteilung diente, während der stärkste Einfluß des Mondes in eine Zeit stärkster Umwälzung, des Traumas und außerordentlicher Schöpferkraft fiel – sicherlich ein Augenblick erhabener Größe innerhalb der Evolution. Das entspricht genau dem, was viele Deutungen der Kultur behaupten: Die Sonne ist die Regel, der Mond die Ausnahme. Angesichts derartiger Entwicklungsideen wird es klarer, wie und warum das Sinnbild Mond unsere Vorstellungen anhaltend beschäftigt, und warum wir den Mond mit Geburt und Trauma in Verbindung bringen.

Auch als das Leben bereits aus dem Meer aufgestiegen war und sich an die Umwelt Land angepaßt hatte, war der Einfluß des Mondes weiterhin spürbar. Vollmondnächte waren, wie in Kapitel 1 erklärt, günstige Zeiten für das Zupacken nächtlicher Räuber. Unsere Vorfahren, die Pflanzenfresser waren, wußten davon. Jene, die sich vom Vollmond warnen ließen und wach blieben, anstatt zu schlafen, lebten länger und hinterließen mehr Nachkommen. Diese mondbezogene Ordnung ist in unserem Erbgut verankert.* Das Meer behält seine mächtige Anziehungskraft. Wie schmerzhaft und beschwerlich es für unsere Urvorfahren gewesen sein muß, aus dem Meer emporzusteigen, kann man am Beispiel der Waltiere (Wale und Delphine) erkennen, die dorthin zurückkehrten.

Ein weiterer möglicher Einfluß des Mondes auf die Evolution betrifft den Effekt des Mondes auf das erdmagnetische Feld. Alexander Dubrow, der sowjetische Heliobiologe, entdeckte einen Zusammenhang zwischen Veränderungen der Chromosomen und Veränderungen im Magnetfeld: »Der Jahresgang der Veränderung in diesem Feld stimmt mit der Häufigkeit von Chromosomeninversionen bei der Fruchtfliege überein. Die erhaltenen Ergebnisse bedeuten, daß unter natürlichen Bedingungen entwicklungsgeschichtliche Veränderungen bei Organismen vom erdmagnetischen Feld beeinflußt werden.«

Dr. Robert Becker stimmt Dr. Dubrow zu: Die elektromagnetische Mitwirkung ist folgenreich für die Evolution. Stellt man die Resultate auf diesem Gebiet zusammen, so kann man erkennen, daß die elektromagnetischen Schwankungen vom Nervensystem direkt aufgenommen werden und irgendwie auf die Chromosomenmutationen einwirken. Seine eigene Arbeit mit »Körperfeldern« hat Dr. Leonard Ravitz zu der gleichen Ansicht geführt. Das Nervensystem entwickelte sich, wie er andeutet, »als Ergebnis dynamischer Kräfte, die von der Gesamtwirkung des Feldes her an Zellgruppen delegiert wurden«.

Einige Arten, die spürten, wie wichtig Feldveränderungen in Hinsicht auf das Überleben waren, haben sich diesen starken Evolutionseinfluß zunutze gemacht. Dr. Frank Brown stellte fest, daß von zwei Bohnen in einer Schale mit Wasser die eine das Wasser aufnahm, die andere nicht. Drehte man die Bohnen um 180 Grad in die entgegengesetzte Richtung, so wechselten die Bohnen ihre Funktion. Bei unterschiedlicher erdmagnetischer Ausrichtung nehmen jeweils diese oder

* Eine weitere Bestätigung für die evolutionäre Erklärung der menschlichen Unruhe während des Vollmondes hat Stephen H. Vessey vom Fachbereich Biologie der Bowling Greenstate Universität erbracht. Er berichtet, daß die nächtliche Aktivität von Rhesusaffen bei Vollmond größer ist.

jene Samen Wasser auf. Diese allfällige Beweglichkeit, schloß Dr. Brown, bietet für die Evolution einen Vorteil: »Die Art ist ständig mit zwei Möglichkeiten zum Überleben – Plus- und Minuszustand – versehen, mit denen sie auf die natürlich wechselnden Gegebenheiten ihrer geoelektromagnetischen Umgebung antwortet.« Geoelektromagnetismus bedeutet, daß die elektrischen, magnetischen und Gravitationseigenschaften unseres irdischen Bereiches als zusammenwirkendes Ganzes betrachtet werden sollten.

Bei den einfachsten Organismen paßte sich das Leben der Wirkung ständig wechselnder magnetischer Felder dadurch an, daß es seine Möglichkeiten erweiterte. In dieser Antwort durch Anpassung hat das Überleben der Art vor dem des Individuums Vorrang. Wie die einzelnen Mitglieder einer Art solch ein übergeordnetes Verhalten verwirklichen, ist eines der Geheimnisse der Evolution. Wie Dr. Brown mir mitteilt, liegt die Antwort womöglich in der gegenseitigen Beeinflussung elektromagnetischer Felder oder EMFs. Ähnlich nimmt Aleksandr Presman Stellung. Wenn die Ansichten von Brown–Presman zutreffen, hat sich vielleicht die außersinnliche Wahrnehmung als Antwort verschiedener Arten auf Umweltstreß entwickelt.

An früherer Stelle habe ich angedeutet, wie sich in der Evolution die Wege von Wolf und Mensch kreuzten. Die Legende von der Lykanthropie lebt weiter, weil der Wolf bei der Entwicklung der menschlichen Jagdgewohnheiten wichtig war. Jetzt ist es unstreitig, daß lange vor dieser Zeit der menschlichen Entwicklung die Mondschwere eine starke Kraft in der Evolution darstellte. Tatsächlich bestand der Einfluß des Mondes lange bevor sich etwas entwickelt hatte, das auch nur entfernt menschlichen Wesen oder Wölfen glich.

Die Beziehung der Gravitation des Mondes zu sexuellen und aggressiven Antriebskräften wurde ausgebildet, als sich erstmals Tiere aus dem Meer aufs Land begaben, und war Äonen später leicht mit dem aggressiven Verhalten des Wolfs zu verbinden. Der Werwolf erweist sich als stark symbolische menschliche Vorstellung, die biologische Tendenzen wiedergibt, die weit älter als Mensch oder Wolf sind.

Eine fesselnde Randbemerkung: Das Fortleben der Werwolfslegende erhielt wahrscheinlich einen zusätzlichen Anstoß von der Praxis des 17. Jahrhunderts, Mondsüchtige und Geisteskranke in Hospitälern und Gefängnissen einzusperren. Bei manchen Manisch-Depressiven werden Episoden manischen* Verhaltens zu Zeiten von Neu- oder Vollmond häufiger ausgelöst. Zu diesen Zeiten sind ihre Stoffwechselvorgänge, einschließlich des Bartwuchses, beschleunigt. Vielleicht war es diese Beobachtung des raschen Bartwachstums bei Patienten mit überaktivem Stoffwechsel, verbunden mit ihren Tobsuchtsanfällen, die in den vergangenen Jahrhunderten der Werwolfslegende Nachdruck verlieh. Bis vor verhältnismäßig kurzer Zeit war es für viele Anstaltswärter ein Dogma, daß die Wahnsinnigen auf das Niveau eines Tieres hinabgesunken wären. Bis 1808 pflegte man bei bestimmten Mondphasen die Insassen von Englands berühmtem Bedlam-Hospital anzuketten und zu prügeln, »um Gewalttätigkeit vorzubeugen«. Wir neigen immer noch dazu, unsere eigenen Ängste vor dem Irrationalen auf die psychisch Kranken zu übertragen. Die Verhältnisse in psychiatrischen Kliniken sind oft, selbst heutzutage, jämmerlich. Ist der Mensch erst einmal imstande, die ihm eigenen »wölfischen« Tendenzen zu akzeptieren – sein Erbe aus der Evolution –, dann braucht er vielleicht keinen Sündenbock mehr, weder einen menschlichen noch einen tierischen.

Manchmal entdeckt man auffallende Parallelen zwischen einem Organismus und der Umgebung, in der er lebt. Ich erwähnte schon, daß vielen nüchternen Geistern die Mondmythologie und die poetische Natur von Gedanken, die der Mond angeregt hat, unsympathisch sind. Die planetarische Zeit bietet einen Dualismus: den Sonnenkalender und den Mondkalender. Dieser Dualismus besitzt eine Parallele mit einem traditionellen Gegensatz im Geistigen: das Rationale (Sonne) und das Irrationale und Intuitive (Mond). Alles in allem: Der Sonnentag ist offenkundig, also rational. Der Mondtag steht mit seiner Rhythmusdauer nicht im Einklang mit der Sonnenzeit, er ist irrational. Der Dualismus hat gewichtige kulturelle Bedeutung gewonnen.

Das Gegenüber von Sonne und Mond, das in Mythen überall in der Welt vertreten ist, hat neben einer kulturellen auch eine biologische Basis. Die Einflüsse von solaren und lunaren Zeitregelungen sind nicht allein im Rhythmus unserer körperlichen Vorgänge verankert, sondern

* Bei der klassischen Ausprägung dieses Krankheitsbildes wechseln, grob gesehen, Zeiten der Erregtheit mit solchen der Niedergeschlagenheit (d. Übers.).

auch vom Bau unseres Gehirns und ebenso vom tatsächlichen Wesen des Denkens selbst ablesbar.

Man weiß jetzt sehr gut, daß die beiden Hälften des Großhirns bis zu einem gewissen Grade voneinander unabhängig sind. So kontrolliert etwa bei Bewegungsabläufen die rechte Hälfte des Gehirns die linke Körperseite, die linke Hälfte dagegen die rechte Seite. Wird die wichtige Nervenmasse, die beide Gehirnhälften verbindet, durchschnitten, so wird das, was eine Hälfte lernt, nicht der anderen zugeleitet. Wir können bei jedem Thema buchstäblich »zweierlei Meinung« sein!

Die an sich gegebene Unabhängigkeit der beiden Hirnhälften findet normalerweise ihren Ausdruck in gegenseitiger Abhängigkeit. Robert Ornstein, ein Forscher auf dem Gebiete der Psychologie in Kalifornien, glaubt, daß die rechte und die linke Gehirnhälfte in der Art, wie sie wahrnehmen und denken, völlig verschieden sind. Die linke (»solare«) Hemisphäre nimmt Informationen auf und verarbeitet sie in einer gradlinigen, rationalen Art. Die rechte (»lunare«) Hemisphäre funktioniert in gestaltlichen Wahrnehmungen und Empfindungen. Infolge dieser bemerkenswerten Entdeckung wird vielleicht im 20. Jahrhundert die Symbolik des Mondes in Kultur und Geschichte in ihrem Kern besser verstanden. Mythen von Mond und Sonne und die Gegensätzlichkeit, die sie ausdrücken, entsprechen der biologischen Struktur des Gehirns und den Denkfunktionen. Es ist erstaunlich, aber folgerichtig, daß es solche auffälligen Parallelen geben kann wie die beiden Kalendersysteme, die Doppelanlage des Gehirns, die Zweigleisigkeit der vorherrschenden Denk- und Wahrnehmungsweisen sowie das Nebeneinander der Sonnen- und Mondmythen.

Der zweiteilige Aufbau des Gehirns stellt für das Überleben einen Vorteil dar, denn die Funktionen einer geschädigten Hirnhälfte können von der anderen übernommen werden. Das ist der Grund, daß die Gehirnhälften nach einem chirurgischen Eingriff unabhängig voneinander arbeiten können. Das ist ein weiteres Beispiel, das sich entsprechend diesem Dualismus entwickelte, eine Sache, die für den Evolutionsprozeß des Lebens ungeheuer wichtig ist. Um Bewegung festzustellen, bedarf es eines Gegenteils. Der Aufgabenwechsel zwischen beiden Beinen – Standbein und Schwungbein – führt zum Gehen und Laufen. In ähnlicher Weise, glaube ich, ist der Gegensatz von zwei

Arten des Wahrnehmens und Denkens, »lunar« (intuitiv) und »solar« (rational) nötig, um Denken und schöpferische Fähigkeit am besten zu entwickeln.

Dr. Albert Rothenberg, ein Psychiater der Yale-Universität, hat das Modell eines Janus-Denkens als Basis für die Entwicklung des schöpferischen Denkprozesses geschaffen. Janus-Denken ist die Fähigkeit des schöpferischen Geistes, entgegengesetzte Wahrnehmungen und Begriffe gleichzeitig, und ohne daß sich daraus ein Konflikt ergibt, zu verarbeiten. Ein solcher Geist vermag offenkundigen Dualismus in einheitliche ästhetische Formen umzusetzen: bildende Kunst, Musik, Dichtung, wissenschaftliche Theorie und, natürlich, schöpferischer Lebens- und Darstellungsstil – in einer Welt, die voller Absonderlichkeiten und Widersprüche steckt.

Wir haben in unserer Gesellschaft die lunare Art des Denkens und der Inspiration, die unsere Ahnen einst schätzten, vernachlässigt. Mit der übertriebenen Wertschätzung, die wir dem solaren Rationalismus angedeihen ließen, haben wir die Entwicklung des schöpferischen Denkens behindert.

8. Der Mond und die Zivilisation

In mancher Beziehung, ganz anders allerdings, als die frühesten Astrologen es sich vorstellten, sind wir mit dem Universum verbunden.

Carl Sagan, *Andere Welten*

Die Alten wußten, daß sie selbst »kosmische« Resonatoren waren.

Obgleich sie von magnetischen Stürmen, Sonnenflecken und kosmischen Strahlen nichts wußten und nicht im Stande waren, die Gesetze der allgemeinen Gravitation zu formulieren, setzten sie voraus, daß alles im Universum – sie selbst eingeschlossen – in irgendeiner Weise miteinander verknüpft war. In einer derartigen Welt voller gegenseitiger Beziehungen waren Sonne, Mond und Planeten unübersehbare Zeichen der Vorgänge im Kosmos, und – ihre Bewegungen waren vorhersagbar.

Die frühen Astrologen fertigten die ersten zutreffenden Vorausberechnungen der Bewegungen von Himmelskörpern. Angesichts des Standes der Mathematik waren diese Berechnungen äußerst schwierig. (Heute, im Zeitalter des Computers, halten wir Berechnungen für selbstverständlich.) Die alten Astrologen und die Pioniere der Astronomie bedurften großer Geduld und Aufmerksamkeit. (Die Bestimmung der Marsbahn brachte einen der Astronomen des 16. Jahrhunderts zum Wahnsinn.) Johannes Keppler, der die Gesetze der Planetenbewegung formulierte, wendete Jahre für den Marsumlauf auf und schuf bei dieser Arbeit einen Teil der Grundlagen für moderne Berechnungen.

Einst war die Astrologie eine Disziplin mit ernsthaften Beobachtungen. Vor 2000 Jahren waren die Astrologen tatsächlich die Astronomen. Sie beobachteten die Himmelskörper und brachten ihre Stellungen mit Ereignissen auf der Erde in Verbindung. Wir haben gelernt, daß viele dieser Beziehungen, besonders in Hinblick auf die Positionen von Erde, Mond und Sonne, Gültigkeit besaßen. Heutige Forscher auf dem Gebiet der Fertilität* und der Geburtenkontrolle haben die Bedeutung der Konstellation von Erde, Mond und Sonne bei Geburt und Fortpflanzung demonstriert, wie ich zuvor dargelegt habe.

Was das Zusammentreffen von Ereignissen mit dem Stand der anderen Planeten angeht, müssen wir uns fragen, ob ihre Positionen eine meßbare Wirkung auf unser biologisches System hervorrufen können. Solch ein Effekt ist tatsächlich möglich. Wenn Venus und Mars zusammen mit Sonne, Mond und Erde alle hintereinander stünden, würde zu dieser Zeit die Gravitationswirkung noch stärker ausgeprägt sein.

Im Kapitel 6 wurde geschrieben, daß Plagemann und Gribbin erwarten, daß die bevorstehende große Konjunktion der Planeten eine starke Schwerkraftwirkung, die Erdbeben entstehen läßt, auf unseren Planeten ausüben werde. Wenn diese Beben von einem massiven Umschlagen des Verhaltens in der gesamten Bevölkerung begleitet werden, wie es wahrscheinlich sein würde, werden wir eine eindrucksvolle Bestätigung für einige der Aussagen der alten Astrologen und natürlich auch für unsere eigenen Theorien erhalten. Dies ist nicht heutige Astrologie mit ihrem komplizierten und symbolischen System, aber es ist die Art von Himmelskenntnis, die die Alten suchten und durch Beobachtung erlangten. Man sollte nicht vergessen, daß die Planeten ihren Einfluß auf uns im Zusammenwirken und durch ihre Konstellation ausüben. Einzeln betrachtet, sind die meisten Planeten so weit entfernt, daß ihre Kraft zu schwach ist, als daß sie menschliches Verhalten beeinflussen könnte.

In den alten Kulturen versuchten die Menschen, gewissenhaft in Harmonie mit dem Universum zu leben. Auf der anderen Seite steht unsere zeitgenössische Zivilisation bewußt nicht im Einklang mit der Umwelt. In unserem begierigen Verlangen, mehr und mehr Güter zu produzieren, fechten wir einen tödlichen Kampf mit der Natur aus.

Die Astrologie diente zu ihrer Zeit unterschiedlichen Kulturen als beobachtende Wissenschaft und als Deutungssystem. Der Charakter wurde von den Astrologen gedeutet, indem sie die Zeichen des Tier-

* Fruchtbarkeit.

kreises und die Stellung der Planeten verwendeten. Wenn man ein System der Klassifizierung hat, ist es leichter, eine so komplizierte und veränderliche Sache wie die menschliche Persönlichkeit zu diskutieren. Die Persönlichkeitsdeutung des 20. Jahrhunderts bedient sich verschiedener Reihen von Metaphern. Fachleute aus den psychologischen Disziplinen verwenden etwa das System Freudscher Metaphern – zum großen Teil dem Mythos entlehnt – oder die technischen Fachausdrücke der Behavioristen.

In der Vergangenheit erstreckte sich die Gewohnheit, in Harmonie mit dem Universum zu leben, auf alle Bereiche des Lebens, nicht nur auf die Beobachtung des Himmels. Beispiele für diese Art zu leben gibt es heute noch bei uns. Die Ananda-Marga-Yoga-Gesellschaft schreibt Fastentage nach dem Mondkalender vor: den 4. Tag vor Voll- und Neumond. In diesen Zeiten beginnt der Gravitationsstreß sich zu verstärken, und die Ananda Marga glauben, daß dadurch der Organismus aus dem Gleichgewicht kommt. Während solcher Perioden zu fasten und zu meditieren, soll die Ausgeglichenheit wahren helfen oder wiederherstellen. Hier ist eine interessante Gelegenheit für angewandte Mond-Kenntnis. Wenn Untersuchungen beweisen könnten, daß diese Methode, mit kosmischer Belastung fertig zu werden, wirksam ist, könnte sie für solche Individuen von Nutzen sein, deren Gleichgewicht labil ist und leicht durch Perioden von Umweltstreß ungünstig beeinflußt werden kann (vgl. Kapitel 10 für weitere Anwendung von Mond-Kenntnissen).

Es gab gelegentliche wissenschaftliche Bestätigungen der Voraussagen der Astrologie. C. G. Jung fand in einem berühmt gewordenen Experiment, daß die Positionen von Sonne und Mond bei der Geburt eines Menschen in einer mehr als zufälligen Anzahl von Fällen die bei ihrer eventuellen Heirat zu beobachtenden astrologischen Konjunktionen anzeigten. Der französische Psychologe Michel Gauquelin fand einen Zusammenhang zwischen der Wahl einer Laufbahn bei erfolgreichen Berufstätigen und den Planeten, die zur Zeit der Geburt der Betreffenden eine wichtige Stellung am Himmel einnahmen. Er kam zu der Ansicht, daß die genetische Anlage eines Kindes die Geburt wahrscheinlicher macht, wenn das Sonnensystem eine bestimmte Konstellation zeigt. In seinem Buch *Die kosmischen Uhren* schreibt Gauquelin, daß der Embryo im Leib der Mutter vor den gewöhnlichen

Zeitmarkierungen wie etwa dem Sonnenlicht geschützt ist. Die Schwerkraft und die elektromagnetischen Felder dringen allerdings zur Umgebung des Embryos vor. Auf diese Weise wird die Stellung der Planeten die Zeit der Geburt beeinflussen. Wenn sich ein Organismus »außer Reichweite der ›offenkundigen‹ Zeitgeber in der Umwelt befindet, wird er instinktiv andere Abhängigkeiten finden, nach denen er seine biologischen Rhythmen reguliert, indem er höchste Empfindlichkeit gegenüber dem Einfluß von sinnvollen ›Eichmarken‹ aus dem Weltall entwickelt«.

Gauquelin urteilte, daß der genetische Typus, der dafür sorgt, daß ein Kind bei einer bestimmten Planetenkonstellation geboren wird, mit den Wesenszügen verbunden ist, die die Talente eines Kindes bestimmen. Diese Ansicht würde die auffälligen Entsprechungen von Planeten und Karriere erklären: »Es ist sehr einfach. Der Werdegang eines Kindes hängt von der genetischen Struktur seines Organismus ab; bei der Geburt enthüllen die planetarischen Uhren diesen genetischen Faktor in unvorhergesehener Weise. Die erfolgreichen Berufstätigen hatten bestimmte Elemente in ihren Genen, die es gestatteten, ihr Leben von Natur aus in einer bevorzugten Richtung zu entwickeln, die sie von ihren Eltern ererbt hatten. Natürlich gilt diese Beziehung nicht allein für Berühmtheiten, sie gilt für jeden. Beim Menschen mußte die angeborene Tendenz, zu einer bestimmten Stunde statt zu einer anderen ins Leben zu treten, in gewissem Maß ein Hinweis auf den Konstitutionstyp des Individuums sein.«

Die Studien von Jung und Gauquelin scheinen einigen Ausschnitten der Astrologie Gültigkeit zu verleihen. Obwohl einige wenige ernsthafte und qualifizierte Untersucher moderne Forschungsmethoden zur Begutachtung der Astrologie verwendet haben, kenne ich kaum aussagekräftige Ergebnisse in der wissenschaftlichen Literatur.

Ich glaube nicht an die Astrologie und vertrete sie auch nicht. Sie verkörpert jedoch eine Tradition alter Beobachtungen und Zusammenhänge. Wir müssen aufgeschlossen bleiben und willens, jedes System zu untersuchen, das erkenntnisvermittelnden Wert zu haben scheint. Wissenschaftliche Befähigung ist weder ein Freibrief für Selbstgefälligkeit, noch berechtigt sie zu Vorurteil oder Voreingenommenheit.

Können wir unsere wachsende Kenntnis lunarer und kosmischer

Wirkungen auf das tägliche Leben anwenden? Können wir lernen, mehr in Harmonie mit den kosmischen Rhythmen zu leben? Einige Wissenschaftler glauben es. J. E. Davidson von den Sandia-Laboratorien in Albuquerque in New Mexico studierte die Verhältnisse bei Unfällen und kam zu überraschenden Schlüssen. Er fand, daß Unfälle von vielen kosmischen Zyklen, insbesondere den Mondphasen, beeinflußt wurden. »Unsere Daten lassen die Möglichkeit erhöhter Unfallneigung (Irrtum, Fehlurteil usw.) während der Mondphase vermuten, die derjenigen entspricht, unter der die betreffenden geboren wurden, sowie während der gegenüber dieser um 180 Grad verschobenen, also entgegengesetzten Mondphase.«

Solche wissenschaftliche Überprüfung scheint meiner Theorie Glaubhaftigkeit zu verleihen, daß die biologischen Rhythmen eines Individuums zur Zeit der Geburt geprägt werden. Das könnte bei der Verhütung von Unfällen von Nutzen sein. Herr Davidson fand außerdem Zusammenhänge von Unfällen mit dem Sonnenfleckenzyklus und magnetischen Schwankungen. Obwohl es selbstverständlich erscheint, daß mehr Forschung auf diesem Wissensgebiet benötigt wird, begegnet man immer noch ständiger Voreingenommenheit. Mythos oder legendenbehaftetes Material scheint bei einer großen Zahl von Wissenschaftlern mit einem Bann belegt zu sein. Warum das immer noch so sein muß, ist ein Rätsel.

Wenn eine Vorstellung über viele Jahrhunderte in relativ unveränderter Form besteht, wenn sie unversehrt als Mythos oder Legende überliefert ist, sollten wir sie ernsthaft betrachten. Wir sollten ihre Beobachtungsgrundlage prüfen. Wir sollten versuchen, wissenschaftlich zu belegen, was vorgeht. In der Vergangenheit war die Legende oft nachweislich genauer als die Geschichte. Schließlich ist die Geschichte bekanntermaßen durch die Neigungen des Historikers, der sie schreibt, sowie durch die historischen Interessen der Mächte, die sich seiner bedienen, nicht frei von Voreingenommenheit. Das Problem der Voreingenommenheit eines Beobachters ist ein Pfahl im Fleisch der Wissenschaft ebenso wie in dem der Geschichte.

Eine weitere Voreingenommenheit, die das Verständnis des Universums beeinträchtigt hat, ist die Tendenz, die Zeit allein auf einer solaren Basis zu messen. Das Vorurteil einer Sonnenzeit spiegelt die grundlegende Unausgewogenheit unseres Zeitalters und unserer Kultur wider. In der frühen Gesellschaft war das Gleichgewicht zwischen Sonne und Mond ein zentrales Konzept für das Verständnis der Vorgänge im Kosmos, in Zivilisation, Religion und in persönlichem Wohlbefinden. Das solare Prinzip versinnbildlichte die rationalen, regelmäßigen, zuverlässigen Lebensvorgänge. Die Sonne war der Lebensspender und der Lichtbringer. Ihr Zyklus war einfach und genau. Der Mond dagegen bewegte sich nicht im Gleichmaß mit der Sonne. Die Wirkung der Sonne auf die Temperatur und die Ernte war nicht zu übersehen, während der Einfluß des Mondes auf die Gezeiten des Meeres und auf das Auf und Ab in den menschlichen Angelegenheiten recht verborgen und schwer auszumachen war. Der Mond erschien irrational im Gegensatz zu der stets klaren Periodizität der Sonne. Die Sonne war das Symbol für alles, was verstandesgemäß zu erfassen, regelmäßig und zuverlässig war.

Wie unsere Untersuchung bewiesen hat, und wie alle alten Kulturen wußten, hat der Mond die Neigung, das Irrationale im Menschen ans Licht zu bringen, das schwankende Verhalten, dem sich Seelentiefe zuweilen überläßt. Natürlich umfaßt das Reich des Mondes nicht allein die wilde und ausgelassene Seite des Lebens. Andere geheimnisumwobene, aber notwendige Eigenschaften des Lebens, wie Intuition und Kreativität, wurden von der frühen Menschheit dem Mond zugeschrieben.

Im Lauf der westlichen Geschichte siegte die solare Betrachtung der Welt. Statt mit einem Ausgleich zwischen Rationalität und Intuition zu leben, zog es die Wissenschaft des Westens vor, die intuitive Seite des Lebens zu verleugnen und zu unterdrücken. Rätselhafte Wirkungen, die mit dem Verstand nicht zu erklären waren, wurden nacheinander als Aberglaube, Märchen und Hexenwerk abgestempelt. Der Hexenwahn kam in Europa auf, nachdem die alten Religionen und Mythologien von Wissenschaft und Kirche in den Untergrund gedrängt worden waren.

Die irrationalen, intuitiven und die schöpferischen Seiten der Persönlichkeit entspringen dem Unterbewußtsein; diese »lunaren Eigenschaften« wurden von den Alten als sozial notwendig eingeschätzt. Als die Mythen, Legenden und Formen der Mondverehrung während des Mittelalters offiziell unterdrückt wurden, wurde daraus eine Art gesellschaftlich-kollektiven Unbewußten, das nur in solchen Erscheinungen wie Massenpanik und Ketzereien durchbrechen konnte. Der alte Dualismus von Sonne und Mond wurde als der Gegensatz zwischen Gott und dem Teufel neu interpretiert. Was einst als eine kosmische Harmonie verstanden worden war, wurde nun in einen Mißklang der Welt verkehrt.

Diese Dissonanz wurde in meiner Arbeit sichtbar, als ich den Versuch unternahm, lunare Einflüsse in Begriffen des rationalen, gradlinigen Denkens zu verstehen. Ein allgemeines und ungelöstes Problem beim Studium natürlicher Umwelteinflüsse auf menschliches Verhalten ist die grundsätzliche Untauglichkeit von Statistiken. Kein statistischer Test und kein Gebiet der Mathematik ist entwickelt worden, mit dem es gelänge, periodische und ständig schwankende Veränderliche zu bestimmen. Statistiken sind statisch. Sie können nur einen Querschnitt von dem liefern, was gerade zu einem bestimmten Zeitpunkt geschieht. Im besten Fall ist es ein künstlicher Querschnitt. Die Methode und das Wesen des Untersuchungsgegenstandes sind füreinander nicht geeignet.

Wir haben heute höchst genaue wissenschaftliche Werkzeuge, mit denen wir arbeiten können, aber wenn es sich um bestimmte Probleme handelt, nutzen sie wenig. Das ist besonders deutlich in der Psychologie, in der wir täglich die Versuche des Rationalen sehen, das Emotionale zu verstehen. Die rationale Wissenschaft versteht es laufend besser, Verhalten zu beeinflussen, statt die Gefühle und Inspirationen zu verstehen, die für das Wohlbefinden so wichtig sind.

Widerspruch gegen das Irrationale und seine Unterdrückung kommen nicht allein der jüngsten Geschichte zu. Obgleich die alten Kulturen Mondkalender benutzten und oft in Kategorien einer Ausgewogenheit von lunaren und solaren Überlegungen dachten, war die Unterdrückung schon unterwegs. In den Mythen fast aller Kulturen ist der Mond als eine Göttin und die Sonne als ein Gott dargestellt. Der Gegensatz zwischen Sonne und Mond ist so alt wie der Kampf der Geschlechter. Zu der Zeit, als sich die großen patriarchalischen Gesellschaften bildeten, wurde nun die Verehrung der Mondgöttin in den Hintergrund gedrängt. Die Herrschaft des Mannes in der Gesellschaft schritt einher mit dem Übergang der Zentralgewalt in Mythos und Gottesverehrung auf die Sonnen- oder Himmelsgötter. Das ägyptische Gottkönigtum, der sumerische Militarismus, der Monotheismus der

Hebräer und der griechische Rationalismus unterdrückten die Verehrung der Mondgöttin.

In Ägypten erhob sich aus der Institution des Gottkönigtums der Monotheismus, die Verehrung des Sonnengottes Ra, dessen irdische Verkörperung der Pharao Ägyptens war. Dies war die erste kulturelle Einrichtung, die die Vorherrschaft des patriarchalischen Prinzips zum Ausdruck brachte. Rationalismus und Militarismus bekämpften stets den Einfluß der Mondgöttin in ihren verschiedenen Gestalten. Doch deren Wirkung war so stark, daß Spuren geblieben sind.

Der anziehende Reiz der Mondgöttin ist leicht zu verstehen. Es gibt Kräfte in unserem Gefühlsleben, in unserem Unterbewußtsein, die stark sind und geheimnisvoll, ja zugleich schreckenerregend und schön. Diese sind die Urquellen von Schöpfergeist, Liebe und Fruchtbarkeit. Die Verehrung der Mondgöttin konzentrierte sich auf diese Einflüsse und verlieh der irrationalen Seite unserer Gefühle eine gesellschaftlich annehmbare Form. Heute entrichten Leute, die Schwierigkeiten haben, mit den Irrungen ihres eigenen Gemütslebens fertig zu werden, einem Psychiater oft hohe Honorare. Das ist der Preis, der in einer Welt bezahlt werden muß, in der allein rationales Verhalten gesellschaftlich hingenommen wird.

Die Verehrung der Mondgöttin befriedigte ein Bedürfnis, und so wurde sie zu einem allgemeinen und unverzichtbaren Teil der Geschichte unserer Seele. Wir verdanken ihr die Erkenntnis eines grundlegenden Paradoxons: Das Irrationale ist eine notwendige Komponente eines erfüllten und vielseitigen Lebens. Ohne das Intuitive und sogar das Irrationale, würden die Dinge immer gleichbleiben; es würde keinen wirklichen Wechsel geben. Das Universum würde nüchtern wie ein großer, vielteiliger und lebloser Computer seines Weges ziehen. Die mechanistische Betrachtung des Universums ist der extreme Ausdruck rationalistischen Denkens.

Die symbolische Bedeutung des Mondes in der Geschichte der Psyche, seine wirkungsvolle Anwesenheit bei der Entwicklung unseres Geschlechtes und die kürzliche Entdeckung seiner physischen Macht in unserem Leben weisen auf die Notwendigkeit hin, uns des Mondes stärker bewußt zu werden – unser »lunares« Wissen zu vermehren. Die physikalische und symbolische Rolle des Mondes ist von unmittelbarer Wichtigkeit für unser Gefühlsleben.

Das Weiterbestehen von »lunarer« Kenntnis und Tradition, wissenschaftlichem und historischem Vorurteil zum Trotz, ist ermutigend. In den 30er Jahren dieses Jahrhunderts, als der wissenschaftliche Rationalismus emsig dabei war, im Namen des Fortschritts die Welt zu erobern, und versuchte, etwaige Überbleibsel von »lunarer« Kenntnis endgültig auszurotten, schrieb Frau Esther Harding »Geheimnisse des Weibes« als Protest gegen den steinernen Rationalismus. Das Buch erschien, kurz bevor die herrschenden Nationen in den Zweiten Weltkrieg hineinschlitterten, und wurde vor kurzem neu aufgelegt. Ich hoffe, dieses Mal werden ihm die Leute mehr Aufmerksamkeit schenken. Frau Harding betont, ohne die weiblichen Prinzipien von Inspiration, Intuition und Kreativität verliere unsere Gesellschaft Ausgeglichenheit und Gefühlswerte, so daß sie unfähig wird, Krieg und Unheil abzuwehren. Die vom Mond angeregte Inspiration zeigt bei einem Vergleich die Leere nackter Logik: »Ideen, die unter dem Eindruck des Mondes geformt wurden«, schrieb sie, »haben, mögen sie auch scheinbar niedriger stehen, doch eine Macht und eine Dringlichkeit, die Ideen, die ihren Ursprung im Verstand haben, nur selten zukommt.«

Der Mond war seit Menschengedenken Symbol für die Inspiration der Dichter. Die Kraft, die in der erhabenen Schönheit lunarer Inspiration liegt, kann indessen sehr gefährlich werden, wenn man sie unterdrückt. Der schöpferische Drang eines Individuums wird verzerrt und grotesk, wenn er nach innen auf das Selbst gerichtet wird. Die unterdrückte schöpferische Seite strenger Rationalisten ist ihr eigenes Verderben, wenn sie diese veranlaßt, mit logischer Verbissenheit Ziele wie etwa nackte Macht zu verfolgen. Frau Hardings Anliegen des Ausgleiches zwischen männlichen und weiblichen Prinzipien – Sonne und Mond – entspricht einigen Ergebnissen von Jung.

Bei dem Versuch, die psychische Ausgeglichenheit seiner Patienten wiederherzustellen, entdeckte Jung, daß sowohl männliche als auch weibliche Prinzipien Grundelemente der Struktur der Psyche darstellen. Gegenüber der bewußten sexuellen Identität eines Individuums sollte das entgegengesetzte Prinzip im Unterbewußtsein den Ausgleich schaffen. In einer gesunden Persönlichkeit ist das Ergebnis dann seelisches Gleichgewicht. Wir müssen unser Unterbewußtsein und seine Fähigkeiten mit Respekt behandeln, wenn wir einen klaren Kopf behalten wollen. Was sowohl Frau Harding als auch Jung natürlich andeuten, ist, daß die Gesellschaft als Ganzes die Balance verloren hat und dem Unheil zustrebt.

Die historische, patriarchalische Unterdrückung der lunaren Lebensweise hat unsere soziale und individuelle Ganzheit zersetzt. Die westliche Wissenschaft hat unerhörte materielle Gewinne erzielt. Aber unser Planet wurde durch die modernen Produktionsmethoden vergewaltigt und ausgeplündert und das Gleichgewicht der Natur völlig vernachlässigt. Der Mensch hat sich mit logischer Gründlichkeit bis zu einer gefährlichen Situation vorgearbeitet. *Die anhaltende Verzweiflung unserer Gesellschaft ist am deutlichsten im aufhellenden Schein des Mondes zu erkennen.*

Es ist nicht richtig zu behaupten, der Mond verursache Wahn und Verbrechen. Aber völlig zutreffend ist die Aussage, daß die Unterdrückung des Mondeinflusses und dessen, was der Mond bedeutet, soziale Spannungen und Disharmonie hervorrufen und beklagenswerte und oft bizarre Resultate bringen. Für Menschen, die psychisch nicht ausgeglichen sind, und für eine Gesellschaft, die zu starr ist, um auf die Anstöße aus dem Kosmos elastisch zu reagieren, wird der Mond zum Mörder.

Unsere Vorfahren setzten ihr lunares Wissen bei dem Vorhaben ein, in einer weniger belastenden Beziehung zum Universum zu leben. Wir müssen auf unsere eigene Weise dasselbe tun. Wir stehen erst am Anfang eines modernen Versuchs, lunares Wissen zu bestimmen und anzuwenden. Die Notwendigkeit einer solchen Entwicklung wird – bewußt oder unbewußt – weithin empfunden.

Das Ausmaß dieser Notwendigkeit läßt sich nach der überwältigenden Reaktion beurteilen, mit der das Publikum eine Darstellung unserer Forschungsergebnisse vom Einfluß des Mondes auf menschliche Aggression aufnahm.* Wie es scheint, wurde damit eine volkstüm-

* Bereits vor der Veröffentlichung meiner Arbeit im Jahre 1972 erschien im »Miami Herald« in Miami ein Artikel mit den Resultaten meiner Untersuchung (nachdem ich sie bei einer internationalen wissenschaftlichen Tagung vorgestellt hatte). Die Agentur Associated Press stürzte sich auf diesen Zeitungsartikel und übermittelte ihn an Zeitungen in der ganzen Welt. Es gab sofort eine öffentliche Reaktion. Die Nachrichtenmedien, besonders Rundfunk und Fernsehen, waren eifrig bemüht, die Forschungsergebnisse zu senden.

liche Meinung bestärkt, die Angehörige der Wissenschaft ebenso wie das allgemeine Publikum teilen. Das Ergebnis war allgemeine Begeisterung für das Werk. Die Notwendigkeit lunarer Forschungen scheint von allen Schichten der Gesellschaft anerkannt zu werden. Die bewußte Antwort auf die Untersuchung lunaren Wissens findet ihre Parallele in dem rings um uns sichtbaren Beleg für ein unbewußtes Anzeichen jener Notwendigkeit. Millionen Menschen befragen Astrologiebücher und Horoskope in Zeitungen und Zeitschriften, um in ihrem Verständnis von sich selbst eine Lücke auszufüllen. Aber obwohl die meisten Menschen sich dessen bewußt sind, daß Horoskope nicht genau stimmen, fühlen sie sich sicherer, wenn sie ein Orakel anhören. Das Versäumnis der Gesellschaft, mit der intuitiven Seite der menschlichen Natur übereinzukommen, hat einen riesigen Markt für kosmisches Pseudowissen entstehen lassen.

9. Die Theorie biologischer Gezeiten

In jüngerer Zeit haben Wissenschaftler verschiedener Disziplinen die Beziehungen zwischen der Sonne und dem irdischen Leben bearbeitet. Die Sonne liefert die Energie, die unseren Planeten für Leben, wie wir es kennen, bewohnbar macht. Die Sonnenenergie gelangt zur Erde mittels Strahlung, die das gesamte elektromagnetische Spektrum umfaßt. Die schützende äußere Atmosphäre der Erde absorbiert vieles an Strahlung, was für das Leben gefährlich wäre. Ein Verständnis der Auswirkungen elektromagnetischer Kräfte auf alle irdischen Erscheinungen, einschließlich des Lebens selbst, ist von großer Bedeutung für das Verständnis der Stellung des Menschen im Universum. Wie schon in früheren Kapiteln ausgeführt, waren elektromagnetische Kräfte eng verbunden mit der Evolution des Lebens, mit der Entwicklung der verschiedenen Lebensformen und mit der Entstehung biologischer Rhythmen, zum Beispiel des Stoffwechsels, die für das Überleben aller irdischen Organismen wesentlich sind.

Der Mond bringt keine eigene Strahlung hervor; sein Licht ist lediglich reflektiertes Sonnenlicht. Er umkreist die Erde in einer bestimmten monatlichen Bahn. Die Anziehungskraft zwischen Mond und Erde ändert sich entsprechend den jeweiligen Positionen von Mond, Sonne und Erde zueinander. Der Zug des Mondes ist am stärksten, wenn Mond, Sonne und Erde in einer Richtung wie bei Neu- und Vollmond stehen, und sie ist am schwächsten, wenn die drei Körper einen rechten Winkel wie bei den Mondvierteln bilden.

Der tägliche und monatliche lunare Gravitationszyklus, der unsere ozeanischen und atmosphärischen Gezeiten hervorruft, spielt eine wesentliche Rolle in den Lebensprozessen. Außerdem bewirkt der Mond bei seinem täglichen Durchgang eine regelmäßige Schwankung des irdischen Magnetfeldes. Die Stärke dieses täglichen Effektes schwankt in einem monatlichen Zyklus gemäß den Mondphasen.*

Sonnenforscher, die die Änderungen des elektromagnetischen Feldes im Rahmen des Sonnenfleckenzyklus messen, haben immer wieder lunare Rhythmen in ihren Aufzeichnungen festgestellt. Offenbar besteht ein Zusammenwirken von Sonne und Mond. Der Endeffekt solcher Wechselwirkung wurde in atmosphärischen Erscheinungen, in Wetterelementen, im Geomagnetismus, in Lebensvorgängen und im tierischen und menschlichen Verhalten festgestellt. Im Bestreben, die Rolle der Schwerkraft in den Lebensprozessen zu verstehen, und um die Art des Zusammenwirkens der Gravitation mit anderen Kräften des Universums bei der Steuerung von Evolution, Wachstum, Entwicklung und Verhalten zu bestimmen, entwickelte ich meine Theorie der biologischen Gezeiten.

Diese Theorie biologischer Gezeiten beruht auf empirischen Beobachtungen, auf fünf Jahren eigener Forschungstätigkeit und auf einer Verknüpfung von Erkenntnissen auf den Gebieten der Physik, Astronomie, Meteorologie, Biologie, Umwelt-Ökologie und Psychologie. Sie versucht, die verschiedenartigen Beobachtungen und Arbeitshypothesen in Beziehung zu setzen. Eine solche Theorie muß in der Lage sein, bisher Beobachtetes und Beschriebenes in Rechnung zu stellen. Sie muß späteren Prüfungen standhalten und künftige Beobachtungen voraussagen können. Auch wenn eine einmal aufgestellte Theorie sich bei einer Nachprüfung als falsch erweist, so hat sie doch zur Erkenntnis beigetragen. Wenn wir mehr über die Welt, in der wir leben, erfahren wollen, sind wir angesichts von Unkenntnis auch einmal zu bloßen Annahmen berechtigt. Wir müssen bereit sein, uns an das Unbekannte zu wagen.

Bevor ich meine Theorie biologischer Gezeiten erläutere, möchte

* Es handelt sich, streng genommen, um eine Doppelperiodizität. Die Stärke der mondtäglichen Änderungen des erdmagnetischen Feldes – die Amplitude der magnetischen Potentialschwankungen – erfährt während des Mondphasenmonats zweimal hintereinander ein Ansteigen mit einem darauffolgenden Abfall. In ähnlichem Rhythmus vollziehen sich die Gezeiten: Stärkster Unterschied zwischen Hoch- und Niedrigwasser um Neumond (größter Tidenhub), stetiger Rückgang dieser Wasserstandsdifferenz bis zu den Nippgezeiten um das erste Viertel, darauf wieder Anstieg des Tidenhubes zu einem neuen Zyklus mit einem Höchstwert bei Vollmond und allmählichem Wiedereintreten des geringsten Tidenhubes beim letzten Viertel (d. Übers.).

ich einige Hintergrund-Informationen geben. Die neun Planeten unseres Sonnensystems kreisen in elliptischen Bahnen um die Sonne. Unser Mond begleitet die Erde auf der Odyssee ihrer Jahresbahn. Die Sonne ist einer von Millionen Sternen unseres Milchstraßensystems. Der nächste Nachbarstern, Alpha-Centauri, ist etwa 4,3 Lichtjahre entfernt.

Das Sonnensystem kreist in einer elliptischen Bahn um das Zentrum des Milchstraßensystems. Dieses ist eine von zahllosen Weltinseln, die sich alle voneinander und auch von einem Punkt zu entfernen scheinen, der vermutlich den Mittelpunkt des Universums darstellt. Dieses Auseinanderstreben der Galaxien wird als das Ergebnis des »Urknalls« betrachtet. Diese Urknall-Theorie sagt aus, daß das Universum vor rund 15 Milliarden Jahren explosionsartig aus einem dichten Materie-Kern hervorgegangen ist. Irgendwann, so wird angenommen, wird die Fluchtbewegung der Weltinseln zum Stillstand kommen, und die Galaxien werden sich wieder aufeinander zubewegen, um vielleicht einen neuerlichen Urknall hervorzubringen. (Große Radio-Teleskope fingen Signale von jenseits unserer Milchstraße auf, die als »Nachhall« des Urknalls aufgefaßt werden können.)

Innerhalb dieses kosmischen Rahmens wollen wir uns vornehmlich mit unserem Sonnensystem beschäftigen. Alle Bewegungen in diesem System vollziehen sich in genau vorhersagbaren Bahnen. Die Sonne dreht sich alle 27 Tage einmal um ihre Achse. Sonnenmaterie wird zu Energie in einem deutlich elfjährigen Zyklus umgewandelt, den man an der Zahl der Sonnenflecken, die in Fernrohren beobachtbar sind, erkennt. Sonnenflecke sind Zentren intensiver magnetischer Aktivität. Wenn eine Gruppe von Sonnenflecken zusammenfließt, kann sich eine explosible Aktivitätszone von unglaublichen Hitzegraden entwickeln, solarer Ausbruch oder »Flare« genannt. Diese Flares senden riesige Mengen Röntgen-Strahlung, Ultraviolett-Strahlung, sichtbares Licht und langwellige Radiostrahlung aus. Hochgeladene Teilchen von der Sonne erreichen die Erde in wenig mehr als acht Minuten. Längerwellige Strahlung kann 20 Stunden bis zu mehreren Tagen brauchen, bevor sie die Erde erreicht.* Die Partikel werden auf ihrem Weg vom Magnet-

* Jede Wellenstrahlung gelangt mit Lichtgeschwindigkeit, also in ungefähr 8,3 Minuten, zur Erde. Dagegen benötigt Partikel- oder Teilchen-»Strahlung« für den Weg von der Sonne zur Erde bis zu mehreren Tagen (d. Übers.).

feld der Sonne gelenkt, das sich auf die Erde zu erstreckt und sich hier mit dem irdischen Magnetfeld überschneidet.

Die energiereiche Strahlung durchdringt das erdmagnetische Feld und erreicht die Erdoberfläche, wobei sie elektrischen Einrichtungen dort oft übel mitspielt; so hat sie schon ganze Ortschaften und Städte durch Stromausfall lahmgelegt. Ultraviolette und Röntgenstrahlen beeinflussen die Stetigkeit der Ionosphärenschichten und stören den Funkverkehr. Der Sonnenwind ist ein kontinuierliches Ausströmen ionisierter Gaspartikel aus der Sonnenkorona in den Raum. Diese Teilchen treten vornehmlich in den polaren Regionen in die Erdatmosphäre ein und stehen mit den Polarlichtern, den Nord- und Südlichtern, in Zusammenhang. Dieser Sonnenwind ist böig* und bewirkt so periodische Störungen des erdmagnetischen Feldes.

Zu Zeiten solarer Ausbrüche, wenn die Sonne besonders unruhig ist, bläst der Sonnenwind entsprechend kräftig und energiereich durch den Raum. Während dieser solaren Stürme gibt es auf der ganzen Welt eine heftige Zunahme von Stoffwechselaktivität bei Mensch und Tier. Andererseits flaut der Sonnenwind zu Zeiten ruhiger Sonne zu einer »gemäßigten Brise« ab.

Die Erde, deren Rotation um ihre Achse bezogen auf die Sonne in 24 Stunden (Sonnentag) und bezogen auf den Mond in 24,8 Stunden (Mondtag) erfolgt, vollführt in dieser unbeständigen elektromagnetischen Umwelt unablässig ihre Umlaufsbewegung. Der Mond, der auf

* Das vom Autor verwendete Wort »gusty« (= stürmisch, ungestüm) sollte an dieser Stelle »böig« bedeuten. Nur Unstetheit, nicht aber ein gleichmäßig »stürmender« Sonnenwind vermag nämlich, wie am Ende des betreffenden Satzes gesagt wird, Störungen im Erdmagnetismus hervorzurufen. Solche Störungen werden von der wechselnden Sonnenaktivität (vgl. vorigen Textabsatz) verursacht. Diese ist – abgesehen von dem großen, elfjährigen Sonnenfleckenzyklus – unperiodisch, und so verhalten sich auch die Auswirkungen auf das irdische Magnetfeld. Eine Periodisierung von Störungen im Geomagnetismus kann entstehen, wenn die Sonne durch ihre Rotation um sich selbst alle 27 Tage den Ausstrahlungskegel langlebiger (!) Sonnenflecke auf die Erde hin richtet. Die davon herrührenden, in entsprechend gleichen zeitlichen Abständen auftretenden Störungen brechen mit dem Verschwinden der Unruheherde irgendwann ab, können aber bei Bildung neuer ähnlicher Aktivitätssituationen sich jederzeit wieder zeigen. Weil diese Periodizitätserscheinungen nicht ständig zu beobachten sind, werden sie auch quasi-periodisch (quasi = als ob) genannt. Periodische Änderungen im Erdmagnetismus – aus nun anderer Ursache – behandelt der übernächste Textabsatz (d. Übers.).

seiner Bahn um die Erde einen Phasenzyklus in 29,5 Tagen (synodischer Mondmonat) durchläuft, kreuzt ständig den erdwärts gerichteten Fluß der elektromagnetischen Strahlung der Sonne. Der Mond verursacht tägliche und monatliche Schwankungen des irdischen Magnetfeldes; diese können als magnetische Gezeiten aufgefaßt werden.

Die wichtigsten Kräfte im Universum sind die Kernbindungskraft, die elektromagnetische Kraft und die Gravitation oder Schwerkraft. Die Kernbindungskraft ist stark, aber sie wirkt nur über sehr kleine Entfernungen. Die elektromagnetische Kraft wurde schon erwähnt. Wir leben in einer elektromagnetischen Welt. Alle Substanzen, auch

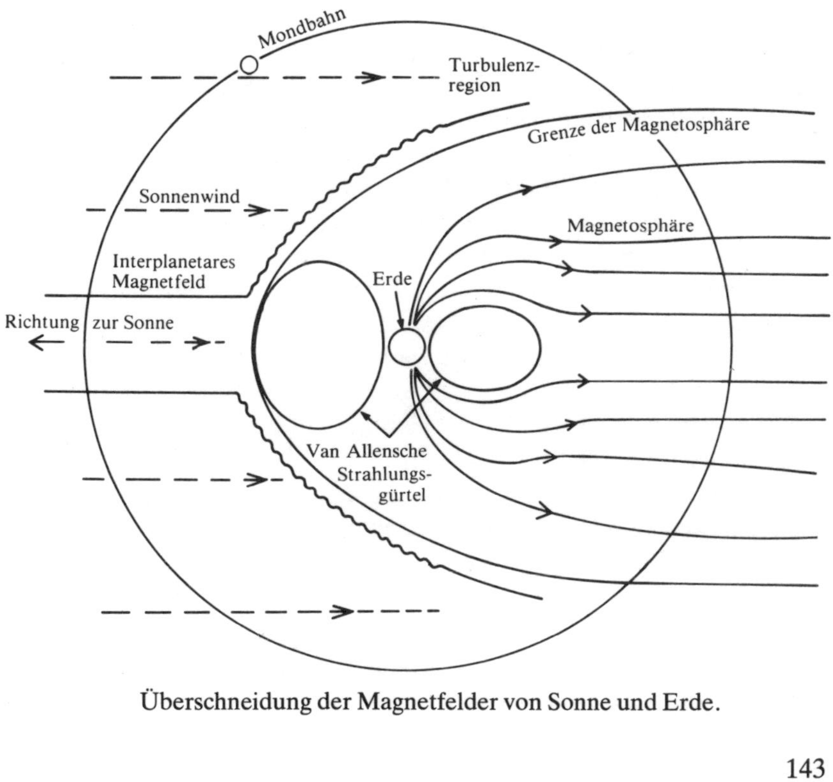

Überschneidung der Magnetfelder von Sonne und Erde.

die Gewebe des menschlichen Körpers, werden durch elektromagnetische Kräfte zusammengehalten, die zwischen den Atomen wirksam sind. Menschliche und tierische Organismen können, vereinfacht gesehen, als ein Gemisch elektromagnetischer Kräfte gedacht werden. Die Körper sind nur durch ihre Haut von den elektromagnetischen Kräften ihrer Umgebung getrennt. Diese Haut ist eine halbdurchlässige Membran, die den Austausch elektromagnetischer Kräfte in beiden Richtungen gestattet und so ein stets abgestimmtes Gleichgewicht zwischen inneren und äußeren elektromagnetischen Feldern unterhält. Die Schwerkraft ist in einer Hinsicht die stärkste der Kräfte des Universums. Sie bindet die Erde an die Sonne und den Mond an die Erde. Die Stärke der Schwerewirkung zwischen zwei Objekten hängt von der Massendichte der Objekte und ihrem gegenseitigen Abstand ab. Je größer die Dichte, desto größer die Anziehungskraft; je größer der Abstand, desto kleiner die Anziehungskraft. Wenn die Schwerkraft groß ist, ist die Kernbindungskraft gering und umgekehrt. Kernbindungskräfte sind wenig wirksam über größere Entfernungen. Die Schwerkraft, auf geringe Entfernung allerdings nur mäßig wirksam, kontrolliert die räumlichen Beziehungen und die Bewegung jeden Körpers im Universum. Die Gravitation führt die Materie eines Sternes zusammen und bewahrt seine Temperatur. Die Schwerkraft hilft bei der Erzeugung der Wärme, die notwendig ist, um alle Elemente zu bilden, aus denen wir und unser Planet aufgebaut sind.

Alle Lebens- und alle astrophysikalischen Erscheinungen sind Äußerungen von nuklearen und elektromagnetischen Kräften und der Gravitation. Zeitweilig wirken diese Kräfte harmonisch zusammen, manchmal jedoch prallen sie unabgestimmt mit katastrophalen Folgen aufeinander.

Bis zu seinem Tode war Albert Einstein mit der Ausarbeitung seiner Einheitlichen Feldtheorie beschäftigt. Er versuchte, die bekannten Kräfte des physischen Universums als ständig miteinander wirkende Anteile eines allgemeinen und einheitlichen Feldes darzustellen. Das heißt, daß die bekannten Kräfte als untrennbar und in stetem Zusammenwirken begriffen gelten. Dieses Konzept einer Einheitlichen Feldtheorie hilft bei der Vorstellung der Wechselwirkung zwischen solaren und lunaren Zyklen und fördert das Verständnis der biologischen Gezeiten. Aus dem Blickwinkel der Einheitlichen Feldtheorie erhält der gegenseitige Zusammenhang der folgenden Geschehnisse einen einleuchtenden, wenn nicht sogar unausweichlichen Charakter:

- Atmosphärische Gezeiten in Gestalt von Niederschlagsmengen, barometrischen Druckschwankungen und der Entstehung tropischer Winde und Wirbelstürme;
- Lunare Periodizitäten im Ionenfluß und in den elektrischen Strömen der Ionosphäre;
- Lunare Rhythmen in den Fluktuationen des erdmagnetischen Feldes;
- Beziehungen zwischen menschlichem Verhalten und Ionenflüssen der Umgebung zu Zeiten heißer, trockener Winde.

Das Universum kann als ein offenes System betrachtet werden, und es läßt sich eine Hierarchie aufstellen mit dem Universum an der Spitze und der Biosphäre und dem Leben am unteren Ende. Jedes Element und jede Kraft in diesem offenen System steht im Wirkungsaustausch mit jedwedem anderen Element und jeder anderen Kraft. Ereignisse, die in irgendeinem Teil des Systems vorkommen, finden ihr Echo in allen anderen Teilen. Ereignisse in der Biosphäre etwa beeinflussen nicht nur das Leben auf der Erde, sondern sie haben auch eine Ausstrahlung auf alle anderen Bereiche des Systems. Solare Ausbrüche verursachen magnetische Stürme, die auf die Biosphäre einwirken und die Lebensprozesse beeinflussen. Rundfunksendungen, Atomexperimente, der Gebrauch von Elektrizität, ja sogar der von Aerosolen verursachen Veränderungen in der unmittelbaren Biosphäre, in den höheren Schichten der Atmosphäre und vielleicht sogar in dem System Sonne–Erde–Mond selbst. Wir sind ein untrennbarer Teil des sich ständig wandelnden Universums, und auf seine Fluktuationen müssen wir unsere Ebbe und Flut einstellen, um zu überleben.

In einem früheren Kapitel habe ich die Analogie vorgestellt, daß der menschliche Organismus aus den gleichen Elementen in ähnlichem Verhältnis zusammengesetzt ist wie die Oberfläche der Erde. Man darf daher daran denken, daß der menschliche Organismus die Gravitationskräfte und die geoelektromagnetischen Schwankungen auf die gleiche Weise wie die Erde beantwortet. Meine biologische Gezeitenhypothese sagt in ihrer einfachsten Form aus, daß der menschliche Körper für die gleichen kosmischen Einflüsse wie die Erde empfänglich ist und daß die Körpervorgänge ebenso ein Auf und Ab mit den

Gezeiten zeigen wie die Erdrinde, die Wassermassen und das Magnetfeld der Erde.

DAS UNIVERSUM (WELTALL)
ALS EIN OFFENES SYSTEM

UNIVERSUM

↑↓

MILCHSTRASSENSYSTEM

↑↓

SONNENSYSTEM

↑↓

ERDE – MOND – SONNE

↑↓

ATMOSPHÄRE

↑↓

BIOSPHÄRE

↑↓

MENSCH

Ereignisse auf irgendeiner Ebene dieses Ordnungsgebäudes erzeugen Kraftfeld-Echos, die sich auf alle anderen Ebenen auswirken.

Die Schwerkraft übt eine direkte Wirkung auf den Körper und seine Flüssigkeitsmengen aus und eine indirekte Wirkung, die durch das elektromagnetische Feld vermittelt wird. Ich glaube, daß beide Einwirkungen zwei Hauptangriffspunkte haben: die Körperflüssigkeit und das Nervensystem. Da der Körper zu 80 % aus Wasser und zu 20 % aus »Land«, also aus festem Material, besteht, kann man annehmen, daß die Schwerkraft ebenso einen direkten Einfluß auf die Körperflüssigkeit wie auf die Wassermassen des Planeten ausübt. Eine biologische Flut würde nach vorhersagbaren täglichen und monatlichen Gegebenheiten stattfinden. Zeiten übermäßiger Schwerkraft (z. B. bei gleichgerichteter Wirkung mehrerer kosmischer Zyklen) könnten auch entsprechend starke Körperfluten hervorrufen. Diese Fluten sollten sich in einem gut funktionierenden System schnell ausbreiten und zu einer sofortigen Erhöhung der Flüssigkeitsspannung führen.

Die indirekte Schwerkraftwirkung, die durch das elektromagnetische Feld der Erde vermittelt wird, tritt gleichzeitig mit der direkten Wirkung ein. Umweltbedingtes »Rauschen«, das von einer großen Zahl extraterrestrischer Erscheinungen verursacht wird (z. B. Sonnenflecken, solare Strahlungsausbrüche, Sonnenwind, kosmische Strahlung oder übermäßige Gezeitenwirkungen, die von besonderen planetaren Konstellationen ausgehen), bewirkt schwere Störungen in dem umgebenden elektromagnetischen Feld, das alle menschlichen Organismen einhüllt. Elektromagnetische Feldstörungen wiederum verursachen einen Piccardi-Effekt an der Körperflüssigkeit. Die physikalischen Eigenschaften der Flüssigkeit und die Verteilung der darin gelösten Kolloide unterliegen einer plötzlichen, heftigen Veränderung. Dieser Wechsel in der physikalischen Beschaffenheit der Flüssigkeit zusammen mit einer veränderten Durchlässigkeit der Zellmembran (dem Dubrow-Effekt) führt zu einer Änderung der Fließkräfte in den drei Flüssigkeitssystemen des Körpers. Die eigentliche Natur der Körperflüssigkeit hat sich gewandelt, und der Austausch durch die Zellmembranen ist entgleist. In einem solchen Fall können Völlegefühl und Unwohlsein über mehrere Tage anhalten.

Der zweite Angriffspunkt des Schwerkrafteinflusses ist vermutlich das Nervensystem des Körpers. Ich denke, daß gerade hier eine direkte Wirkung der Schwerkraft und eine ebensolche indirekte, vom elektromagnetischen Feld der Erde vermittelte, ansetzt. Im Hinblick auf den indirekten Effekt setzt Dr. Robert Becker voraus, daß Änderungen und Störungen irdischer elektromagnetischer Felder von Verstärker-Knoten entlang den Nervenbahnen des Körpers aufgenommen werden. Diese Verstärker-Knoten regulieren dann die Leitungsfunktion der Nerven. Die elektrische Leitfähigkeit der Nerven selbst und die Reizschwelle für die Auslösung von Nervenimpulsen ändert sich. Diese

Einflüsse können das Nervensystem reizbarer und fähiger zu schneller Impulsabgabe machen oder auch weniger empfindlich und träger als unter normalen Verhältnissen. Das Vorkommen eines Wechsels des Zustandes könnte durchaus auf die Eigenschaft der positiven und negativen Empfänglichkeit des Organismus zurückgehen.

Von der direkten Einwirkung der Schwerkraft auf die feste Masse des Körpers ist wenig bekannt. Wahrscheinlich wird der Effekt auch auf dem Weg über die Nervenbahnen vermittelt. Ich denke, daß wir »Schwerkraft-Empfänger« im Körper des Menschen finden werden. Sie könnten die Nerven entlang und in der Wand der Blutgefäße gelegen sein. Solche Gravorezeptoren, die das unmittelbare Auftreffen der Schwerkraft registrieren, könnten plötzliche direkte Änderungen der Nerven- und Gefäßfunktionen veranlassen.

In Kenntnis der offenkundigen Bedeutung der Zirbeldrüse* für den Menschen komme ich zu der Ansicht, daß diese auch gut eine Funktion als Gravorezeptor ausüben könnte. Die Zirbeldrüse wird als ein elektrochemischer Umformer betrachtet, der elektrochemische Impulse sowohl vom Körper als auch von der Umwelt aufzunehmen vermag und sie in die Drüsenhormone Melatonin und Serotonin umsetzt. Diese Hormone wirken auf die biologischen Rhythmen der Sexual- und Fortpflanzungszyklen. Ist es möglich, daß die Zirbeldrüse elektromagnetische und Schwerkrafteindrücke aus dem sie umgebenden Körper, aber auch von außerhalb aufnimmt, diese Information verarbeitet und Signale an die Blutgefäße, Nerven und Geschlechtsorgane gibt? Wenn das so ist, könnten diese Signale dazu dienen, die biologischen Rhythmusprozesse zu kontrollieren und den Organismus gegen plötzliche innere Spannungen und Unstimmigkeiten abzuschirmen, die vom Andrängen intensiver Umweltstörungen herrühren. In diesem Sinne kann man die Zirbeldrüse als Auffangbecken für Umweltbelastungen ansehen.

Wir können die Auswirkungen der biologischen Gezeiten nachempfinden, indem wir die Vorstellung der Allgemeinen System-Theorie und der Einheitlichen Feldtheorie zugrunde legen. An dem einen Ende unseres gedanklichen Entwurfs finden wir in mikroskopischer Sicht die

* Dieses Organ liegt in der Mitte der Unterseite des Gehirns, etwas vor dem Kleinhirn (d. Übers.).

innere Welt des menschlichen Körpers in Beziehung zu seiner äußeren Umwelt.

Das Körperinnere besteht im wesentlichen aus Ansammlungen von Zellen, die von der extrazellulären Flüssigkeit umspült sind. Sie werden durch Nervenimpulse angeregt, die elektrochemische Prozesse darstellen, die entlang einer Vielzahl von Nervenbahnen ablaufen – dem elektrischen Stromkreis des Körpers. Wenn ein Nervenimpuls an einer Nervenfaser entlangläuft, entsteht ein schwaches elektromagnetisches Feld, das die Faser ringförmig umgibt. Wenn das Ende der Faser erreicht ist, löst der elektrische Impuls den Austritt chemischer Verbindungen aus, die als Neurotransmitter* bezeichnet werden. Diese Stoffe übertragen den Nervenimpuls entweder zu einer weiteren Nervenfaser oder zu einer Empfängerzelle, die einem Muskel, einer Drüse, einem Blutgefäß oder irgendeinem anderen Organ angehören kann. Diese Neurotransmitter (Dopamin, Acetylcholin, Serotonin, Norepinephrin, γ-Aminobuttersäure) wirken auf die Empfängerzelle in einer bestimmten Weise ein, indem sie deren Funktionen fördern oder hemmen.

Wenden wir uns jetzt dem anderen Ende unseres kosmobiologischen Systems zu. Kosmische Kräfte treiben ständig ein rhythmisches Spiel mit der Erde. Störungen von der Sonne oder von anderen galaktischen Quellen verursachen eine beträchtliche Verzerrung dieser rhythmischen Funktionen. Solche deformierenden Kräfte werden als »Rauschen« bezeichnet. Die Störungen treffen auf die Ionosphäre, die als äußerer atmosphärischer Schutzschild die Erde umgibt. Änderungen in der Ionen- oder in der elektromagnetischen Ausgewogenheit der Ionosphäre, die durch kosmische Einwirkungen hervorgerufen werden, gelangen durch die Atmosphäre in tiefere Schichten. Möglicherweise stören sie auch das elektromagnetische Gleichgewicht in der Bodenschicht.

Das Rauschen kann von den verschiedensten Quellen stammen. Es kann sich um elektromagnetisches oder um Gravitations-Rauschen handeln; beide beeinflussen sich gegenseitig und stehen in Abhängigkeit voneinander. Gemäß der Einheitlichen Feldtheorie gilt das für alle Kräfte.

Angenommen, es komme zu einer gleichsinnigen Wirkung kosmi-

* S. Anmerkung S. 108.

scher Zyklen, wie z. B. wenn Vollmond mit Erdnähe des Mondes und einer Mondfinsternis zusammenfällt. Sonne, Erde und Mond sind dann in einer Geraden angeordnet. Zu diesem Zeitpunkt ist der Einfluß der Gravitationskräfte auf die Erde entschieden größer als die übliche Gezeitenwirkung. Zusätzlich wird das Magnetfeld der Erde sehr gestört durch die Magnetfelder von Sonne und Mond, die mit unserem Planeten hintereinander ausgerichtet stehen. Das daraus entstehende elektromagnetische Rauschen dringt in unsere Ionosphäre ein und bringt dort die Ionen- und elektromagnetischen Ströme völlig durcheinander. Diese Prozesse greifen auf die Biosphäre über. Der menschliche Organismus steht plötzlich unter Beschuß von einem Aufruhr der Gravitation und des umgebenden elektromagnetischen Feldes. Dieser Wirbel beeinträchtigt nun dramatisch das Gleichgewicht zwischen unserer inneren und der äußeren Welt.

Die plötzliche Verschiebung belastet unser inneres Gefüge. Wie vorher beschrieben, könnte das Nervensystem reizbarer werden, wobei sich die Höhe der Reizschwelle für die Auslösung von Nervenimpulsen ändert. Es gibt auch Stauungen oder Mangel von Flüssigkeit in verschiedenen Teilen des Körpers.

Gesunde Menschen mit einem ausgeglichenen Gefühlsleben ertragen zusätzliche Belastungen mit einem Minimum an körperlichem oder seelischem Unbehagen. Auch bei einer schweren Störung, wie sie durch extrem verstärktes »Rauschen« hervorgerufen wird, stellt sich rasch wieder ein Gleichgewicht her. Etwaiges Unbehagen ist flüchtig und gering. Solches Umwelt-Rauschen kann allenfalls von Zeit zu Zeit das Gefühl hervorrufen, es habe im Augenblick keinen Zweck zu versuchen, eine bestimmte Arbeit zu erledigen, oder es sei hoffnungslos, einen Anlauf zu nehmen, mit dieser oder jener Person in Verbindung zu treten.

Diese Art vorübergehender Mißstimmung ist eins der Beispiele dafür, was in Folge einer Verformung kosmischer Kräfte geschehen kann. Bei wachsender kosmischer Belastung leiden viele Menschen an leichten Kopfschmerzen, vorübergehender Niedergeschlagenheit, Übellaunigkeit und Schlaflosigkeit. Das Gefühl »Heute ist nichts los mit mir« könnte zuweilen extraterrestrischen Ursprungs sein.

Menschen mit ungefestigter Persönlichkeitsstruktur oder mit Verstimmungen oder solche, die ohnehin unter starker körperlicher oder seelischer Belastung stehen, können zu Zeiten äußerster kosmischer Spannung bedeutende Rückschläge erleiden. Wenn sie zu Gewalttätigkeit neigen, werden sie vielleicht auch zu unkontrollierbarem Verhalten angeregt werden.

Viele Gesichtspunkte der biologischen Gezeitentheorie haben sich schon in den Arbeiten anderer Wissenschaftler niedergeschlagen. So hat F. G. Sulman, der in Israel arbeitet, gezeigt, daß die Zunahme körperlicher und seelischer Leiden während des Sharavs, der dort zweimal im Jahr auftritt, die Folge überschüssiger Ionen in der Bodenschicht ist. Dieser Überschuß verursacht eine vermehrte Bildung von Serotonin im Zentralnervensystem. Ein davon herrührender Blutdruckanstieg, der auf die Verengung der kleineren Blutgefäße zurückgeht, beeinflußt den Austausch zwischen den Flüssigkeitssystemen des Körpers. So ist das Serotonin mit dem Wirken des biologischen Flutzustandes verbunden, indem es den Druck in dem einen der Flüssigkeitssysteme steuert.

Es gibt noch einen anderen interessanten Zusammenhang im Hinblick auf das Serotonin. Der Biologe Harry Rounds hat den lunaren Rhythmus herzschlagbeschleunigender Stoffe im Blut von Rotaugen, Mäusen und Menschen untersucht. Er vermutet, daß eine dieser Substanzen, deren Konzentration im Blut einem lunaren Rhythmus folgt, das Serotonin ist. Wenn sich dies als wahr erweist, würde das Vorkommen bedeutender Mengen von Serotonin im Blut unmittelbar nach Neu- und Vollmond zu einem guten Teil die unausgewogene Flüssigkeitsverteilung und die Reizbarkeit der Nerven erklären, die mit dem Erscheinungsfeld der biologischen Flut verbunden sind. Es wäre nicht überraschend, wenn weitere Forschungen mit den anderen Neurotransmittern schließlich bei diesen allen eine lunare Periodizität erkennen ließen.

Die Entdeckung vermehrter Blutungsneigung beim Menschen zur Zeit des Neu- und Vollmondes, wie sie unabhängig voneinander Andrews, Rhyne und andere mitteilen, stellt einen weiteren bestätigenden Beleg biologischer Gezeiten dar.

Ich meine, daß wir eines Tages den Einfluß der elektromagnetischen Kräfte spezifischen Körpervorgängen zuordnen können werden. Dr. Dubrow hat den Einfluß elektromagnetischer Felder auf die Durchlässigkeit der Zellmembranen untersucht, wahrscheinlich ein weiterer

Mechanismus im Zuge des biologischen Flut-Syndroms.* Dr. Becker nimmt an, daß das Nervensystem von Änderungen des elektromagnetischen Feldes direkt beeinflußt wird. Seine Ansicht wird von den Arbeiten anderer Forscher, vornehmlich von Presman, Lang, Persinger und Ossenkopp, unterstützt.

Jedenfalls ist es klar, daß der Mensch stets in Beziehung zum Universum gestanden und sich entwickelt hat. Je näher man diese Abhängigkeit betrachtet, desto mehr Zusammenhänge werden erkennbar. Unsere Untersuchungen vermitteln ebenso wie viele andere, die in den letzten wenigen Jahren in der Literatur erschienen sind, ein Bild von einem in dynamischem Gleichgewicht mit dem Universum befindlichen Menschen. Dies ist offensichtlich eine durchaus einleuchtende Betrachtungsweise der Natur des Menschen in seinem Verhältnis zum Weltall. Es ist ein einheitliches Konzept und in jedem Punkt verträglich mit den Ansichten der bedeutenden Wissenschaftler und Philosophen aller Jahrhunderte, insbesondere mit Einsteins Einheitlicher Feldtheorie, mit der Darwinschen Abstammungslehre und mit Ludwig von Bertalanffys Allgemeiner System-Theorie.

Wenn man ein einheitliches Wirkungsgeflecht im Auge hat, glaube ich, daß sich tatsächlich, sozusagen unter unseren Augen, ein neues Wissenschaftsgebiet entwickelt: die Kosmobiologie. Sie ist eine auf Zusammenfassung angelegte Grenzwissenschaft, die die Beziehungen des Menschen zum Weltall in Übereinstimmung mit den Naturgesetzen klären will, wie wir diese kennen oder noch kennenlernen werden.

Eine Fülle von Gegebenheiten werden Forscher und Mitarbeiter verschiedener Wissensgebiete bei dem Vorhaben verarbeiten müssen, die biologischen Reaktionen von Mensch und Tier auf Umweltänderungen in einen Zusammenhang zu bringen. Eine nur unvollständige Liste solcher Gesichtspunkte umfaßt die Medizinische Klimatologie, die Biometeorologie, Chronobiologie, Meteoropsychiatrie, Ökobiologie und den Biomagnetismus. Jedes dieser Gebiete an sich ist begrenzt und beschränkt sich auf die Betrachtung weniger Ausschnitte des Gesamtbildes. Weil sehr viel Forschungsarbeit auf diesen Gebieten erst in den letzten beiden Jahrzehnten geleistet wurde und weil die Veröffentlichungen verstreut in den verschiedensten Ländern und

* »Syndrom« hier: Erscheinungsbild (d. Übers.).

Sprachen erfolgten, steht eine Zusammenfassung, die einen allgemeinen Überblick erlauben würde, bisher noch aus. Mein Versuch an dieser Stelle kann nur einen ersten Ansatz zu einer solchen Synthese aller kosmobiologischer Zusammenhänge darstellen.

Der Begriff Kosmobiologie wurde in den vierziger Jahren von Dr. F. W. Petersen benutzt; er mag jedoch schon früher in diesem Jahrhundert von anderen Forscher geprägt worden sein. Nach meinem Dafürhalten kennzeichnet dieser Begriff in bester Weise das Bemühen der interdisziplinären Zusammenarbeit derjenigen, die sich der Beziehung des Menschen zu seiner natürlichen geophysikalischen Umwelt und zum Kosmos allgemein widmen.

Eine Theorie, die glaubhaft sein soll, muß allen einschlägigen beobachteten Erscheinungen Rechnung tragen. Wir haben darauf hingewiesen, daß die geographische Länge und Breite eine Rolle im Zeitablauf biologischer Zyklen spielt. Das wurde zum Beispiel deutlich bei den verspäteten Höchstwerten in der Clevelander Mordstatistik. Untersuchungen der Zyklen des Wachstumes und der Wanderung von Tieren zeigten breitenabhängige Verzögerungen. Leonhard Wing, einer der frühen Rhythmusforscher, bezeichnete diese Erscheinung als »Breiten-Drift« und beschrieb sie als wirksam in einem weiten Bereich natürlicher Periodizitäten. Andere Forscher stellten zumal bei Vögeln Phasenverschiebungen in biologischen Zyklen fest, wenn sie zu Beginn des Winters von nördlichen Breiten zum Äquator oder während des Sommers in umgekehrter Richtung ziehen.

Eine genaue kartographische Aufnahme des Einflusses des geographischen Ortes auf den zeitlichen Verlauf lunarer Verhaltensrhythmen würde eingehende Untersuchungen erfordern. Es wäre ideal, jeweils ein bestimmtes Verhalten an verschiedenen Orten gleicher geographischer Breite, jedoch verschiedener Länge zu studieren, und ebenso an Orten gleicher Länge, aber verschiedener Breite. Die Unvergleichbarkeit offizieller Datensammlungen von Ort zu Ort scheint jedoch solche Bemühungen auszuschließen. Ein anderer naheliegender Weg wäre die Durchführung von Tierversuchen an verschiedenen Orten. Das würde ein Vorgehen auf internationaler Ebene voraussetzen. Wenn Experimente an verschiedenen Orten zur Prüfung der biologischen Gezeitentheorie aufgenommen würden, wäre das erfreulich.

Einstein hat Raum und Zeit als Bestandteile ein und desselben

Kontinuums betrachtet. Für uns hat der Raum drei Dimensionen: Länge, Breite und Höhe über dem Erdmittelpunkt. Auch die Zeit ist vieldimensional. Für unsere Zwecke können wir Sonnen-, Mond- und Sternzeit als allgegenwärtig und ständig miteinander verflochten betrachten*.

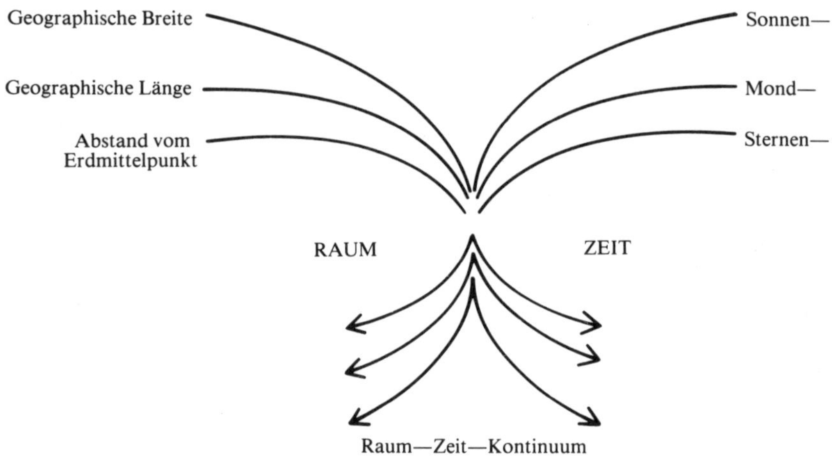

Das elektromagnetische Feld auf der Erde ist in ständiger Bewegung und verändert sich in Raum und Zeit. Es gibt keine konstanten Zustände beim Erdmagnetismus oder in der Natur überhaupt. Das erklärt, warum Untersuchungen an verschiedenen Orten ebenso wie Untersuchungen am gleichen Ort, aber zu anderen Zeiten zu unterschiedlichen Resultaten führen.
Biologische Zeit ist etwas Relatives: ein Abbild der verflochtenen Wechselwirkungen aller Umweltbedingungen, die an einem ganz bestimmten Ort und zu einer ganz bestimmten Zeit auf den Organismus einwirken.

* Das Nebeneinander verschiedener Zeitmaßstäbe begründet im physikalischen Sinne gewiß nicht mehrere Dimensionen der Zeit, wie auch die Angabe von Entfernungen in Zentimetern oder Zoll kein Ausdruck des Bestehens zweier verschiedener Dimensionen ist. Der Text will den Umstand verdeutlichen, daß eine und dieselbe Zeitspanne je nach ihrer Lage innerhalb verschiedener astronomischer Funktionen eine besondere Bedeutung für den Ablauf biologischer Verhältnisse annimmt. Die Zeit besitzt simultan, d.h. gleichzeitig, biologisch gesehen »mehrfache Wertigkeit« (d. Übers.).

Vom schlagendsten Beweis für das Vorhandensein eines lunaren Anteils in menschlichen biologischen Rhythmen bekam ich Kenntnis, als ›Der Mondeffekt‹ gerade in Druck gehen sollte. Ende 1977 berichteten Dr. L. E. M. Miles und Mitarbeiter von der Medizinischen Fakultät der Stanford-Universität von ihrer Untersuchung der biologischen Rhythmen eines psychisch normalen 28jährigen Mannes, der von Geburt an blind war. Dieser Mann, der unter sehenden Menschen lebt und arbeitet, litt periodisch unter schweren Schlafstörungen. Mehrere Jahre lang, jeweils für zwei bis drei Wochen, ging seine berufliche Tätigkeit und seine Freizeitbeschäftigung mit nächtlicher Schlaflosigkeit und starker Tagesschläfrigkeit einher.

Längere Überwachung der Gehirntätigkeit des Patienten in einem Schlaf-Laboratorium und eine Untersuchung seines Hormon- und Körperstoffwechsels anhand von in Abständen gewonnenen Werten erbrachte eine dramatische Tatsache. Bei völliger Isolierung von allen Sonnen- oder Kalendereinflüssen zeigte der Patient einen lunaren Tagesrhythmus (24,9 Stunden)* in allen gemessenen biologischen Vorgängen. Seine zirkadianen Rhythmen der Körpertemperatur, des Wachseins, der Leistungsfähigkeit, der Cortisolausscheidung** und der Elektrolyt-Ausscheidung im Harn verliefen nicht synchron mit dem 24stündigen bürgerlichen Tagesablauf. Sie zeigten eine beständige Periode von etwa 24,85 Stunden. Das Schlafverhalten normalisierte sich mit einer Periode von 24,9 Stunden. Bemerkenswerterweise

* Die Mondbindung eines Rhythmus von 24,9 Stunden Dauer kann allein aus eben diesem Zeitintervall nicht geschlossen werden. Hier wären weitere, sicher sehr schwierige Analysen nötig. Eine 1974 im Rahmen einer Doktordissertation vorgenommene, sonst völlig gleichartige Untersuchung hatte zufällig genau dasselbe Ergebnis, was Aktivitätszeiten, Körpertemperatur und Cortisolausscheidung im Harn anbetraf. »Zufällig«, weil bei Personen, die von allen Informationen zur Tageszeit abgeschlossen sind, sog. freilaufende zirkadiane Rhythmen auftreten, deren Intervalle sehr häufig bei knapp 25 Stunden, aber auch darüber und nicht ganz selten unter 24 Stunden liegen. Eine gedrängte Übersicht, die Prof. Aschoff, einer der bedeutendsten Kenner der Tagesrhythmen, 1978 gegeben hat, unterrichtet in diesem Zusammenhange vorzüglich. Die Frage, ob bei dem im Text geschilderten Fall tatsächlich ein Mondrhythmus vorliegt, muß angesichts des Fehlens weiterer Angaben unentschieden bleiben (d. Übers.).

** Cortisol ist ein Hormon, das von der Nebennierenrinde produziert wird. Es reguliert einige lebenswichtige Körperfunktionen auch gerade im Bereich des Kreislaufs. Cortisol spielt eine wesentliche Rolle im Streßgeschehen bei den Gegenregulationen des Organismus (d. Übers.).

bestand Übereinstimmung zwischen dem Eintritt des Schlafes und einem lokalen Gezeiten-Tiefststand**.

Die Tatsache, daß eine von allen solaren Zeiteinflüssen isolierte Person eine Mondbindung ihrer biologischen Funktion vornimmt, ist ein weiterer Beweis dafür, daß menschliche zirkadiane Rhythmen zusammengesetzt sind und das Wirkungsresultat sowohl solarer als auch lunarer Periodizitäten widerspiegeln – und dies wiederum ist eine Bestätigung des Konzeptes biologischer Gezeiten.

** Von Gezeiten im Binnenland kann man eigentlich nur im übertragenem Sinne sprechen. Der Rhythmus, der den Hintergrund bildet, ist der tägliche Umlauf des Mondes um die Erde mit sog. oberer und unterer Kulmination (höchster und tiefster Stand des Erdbegleiters über bzw. unter dem Horizont (d. Übers.).

10. Angewandtes Mondwissen

Wie sollte die Gesellschaft das Wissen um die Kraft des Mondes verwerten?

Nach meinen Erfahrungen werden gesunde und ausgeglichene Menschen von kosmischen Einflüssen wie Mondwechsel oder Sonnenflekken gering berührt. Stets und ständig vor kosmischen Einflüssen auf der Hut zu sein, kann ins Gegenteil ausschlagen und bringt unnötige Verwirrung. Gibt es aber auch Menschen, die regelmäßig auf den Mond achten? In jeder Groß- und Kleinstadt lebt eine große Anzahl von Leuten, die am Rande der Wirklichkeit balancieren. Es kann sich um Alkoholiker, Drogensüchtige, zu Gewalt, zu Unfällen und zum Kriminellen neigende Persönlichen handeln. Sie unterliegen häufig starken Stimmungsschwankungen, haben eine ungenügende Kontrolle über ihre Antriebe und haben Schwierigkeiten, ihre Gemütsschwankungen zu beherrschen. Sie neigen dauernd zu einem Leben in unsteter Gemütsverfassung. Diese Menschen kann jede Beanspruchung, die über das alltäglich gewohnte Maß hinausgeht, aus der Bahn werfen.

Wird das Miteinander der nicht wahrnehmbaren Umweltkräfte plötzlich gestört, können drastische Verhaltensstörungen und Stimmungswechsel die Folge sein. Wegen dieser Möglichkeit täten Ärzte, Soziologen, Polizei, Feuerwehr und Klinikpersonal gut daran, auf die auslösende Fähigkeit kosmischer Belastungen zu achten. Wir sollten daran denken, daß eine Reihe von Einwirkungen aus der umgebenden Natur – Gravitation, Erdmagnetismus, Atmosphäre usw. – als verursachende Elemente wirken können.

Unausgeglichene Menschen werden hiervon nicht anders berührt als »Du und ich«. Niemand unter uns kann dem ständigen Andrängen der geophysikalischen Umwelt entgehen. Unablässig sind wir von ihren elektrischen, magnetischen und Ionenfeldern umflutet und werden mit Strahlen beschossen. Die meisten Menschen haben eine angemessene Streßtoleranz und können es mit den kleinen Belastungen aufnehmen, die aus Umweltänderungen entstehen. Man kann die unangenehme Lage eines Individuums mit dürftiger Antriebskontrolle und niedriger Streßtoleranz besser verstehen, wenn man es sich auf einem gespannten Seil stehend vorstellt. Steht jemand mit beiden Füßen fest auf dem Boden, kann man ihn anstoßen, und er wird möglicherweise nicht umfallen. Stellen wir denselben Menschen auf ein Seil, wird er große Schwierigkeiten haben, die Balance zu halten, weil er mit dem Seiltanzen keine Erfahrung hat. Ein Jauchzen, ein Angstschrei oder sogar ein Luftzug können genügen, ihn abstürzen zu lassen. Es bedarf also, wie man sieht, keiner besonders großen Störung, wenn das Gleichgewicht unsicher ist.

Auf vielerlei Weise geraten die Menschen in einen Zustand schwachen geistigen und seelischen Gleichgewichts. Manche mögen durch eine intensiv traumatisierende frühe Kindheit und entsprechende Erlebnisse in der Familie labile Persönlichkeiten geworden sein. Bei ihnen liegt vielleicht keine ursprünglich biologische oder biochemische Störung vor, aber sie sind so veranlagt, daß sie sich zu keiner in sich geschlossenen Persönlichkeit entwickeln können. Andererseits weiß man auch, daß es bei manchen Menschen genetisch bestimmte biochemische Abweichungen gibt, die zu einem mangelhaften seelischen Gleichgewicht prädisponieren. Es ist zum Beispiel eine bekannte Tatsache, daß Schizophrenie und manisch-depressives Irresein Erbkrankheiten sind. Manisch-Depressive haben eine ererbte Neigung zu starken Stimmungsschwankungen. Einige betragen sich höchst seltsam. Wann jedoch ein Manisch-Depressiver die Beherrschung verliert, kann man nur vermuten. Neuere Forschungen deuten darauf hin, daß manche bei Neu- und Vollmond mehr zu manischen Entgleisungen neigen.

Man weiß von Schizophrenen und von den Grenzfällen zwischen normal und krankhaft, die unter Streß zur Psychose tendieren, daß ihren krankhaften Zuständen erbliche Veranlagung zugrundeliegt. Forscher auf dem Gebiet der Psychiatrie sind dabei, diesen genetischen Defekten nachzugehen, sie zu bestimmen, und die im Nervensystem vorliegenden biochemischen Anomalien aufzudecken. Was wirft diese Menschen um? So gut wie jedes belastende Vorkommnis. Das kann alles mögliche sein: ein Familienstreit, Trennung von einem geliebten Wesen, Verlust des Arbeitsplatzes. Es kann jegliche Art von Streß, einschließlich des kosmischen sein.

Wir haben bisher nur einen Typ von Streß untersucht. Praktisch gesehen mögen kosmische Stresse, wenn wir uns mit ihnen befassen, einen Vorteil bieten, weil sie vorhersehbar sind. Also kann man versuchen, Wege ausfindig zu machen, sie vorherzusagen und den Wirkungen kosmischer Zyklen entgegenzuarbeiten.

Wir verfügen über chemische Stoffe und Medikamente, die einer Überbeanspruchung durch Streß vorbeugen. Es gibt etliche Sedativa, die auf die Reizschwelle einwirken und dadurch die Reaktion auf Streß modifizieren können. Man hat zur Behandlung übermäßig angesammelter Körperflüssigkeit stark wirkende Diuretika, die Gewebsspannungen abbauen und einen mehr oder weniger normalen Flüssigkeitshaushalt im Körper wiederherstellen. Der Gebrauch des Beruhigungsmittels Lithiumkarbonat zur Behandlung manisch-depressiver Zustände hat Personen, die an dieser Geisteskrankheit leiden, entscheidende Besserung gebracht. Mit dem Mittel soll auf die postsynaptischen Nervenzellmembranen eingewirkt werden. Bei einer außergewöhnlich hohen Zahl von Nervenimpulsen während eines manischen Geschehens, beruhigt Lithiumkarbonat den Erregungszustand und bringt die Stimmung und den Wasserhaushalt des Körpers ins Gleichgewicht. Man hat Mittel und Methoden, um biochemische Unausgewogenheit zu behandeln, die den Patienten zu abnormalem Verhalten treibt.

In meine Sprechstunde kommen einige Manisch-Depressive, die mit Lithium stabilisiert werden. Es geht ihnen im allgemeinen gut, sie sind symptomfrei. Gelegentlich erscheinen mehrere *zur gleichen Zeit* und berichten übereinstimmend über das Wiederauftreten ähnlicher Beschwerden: Ruhe- und Schlaflosigkeit, Niedergeschlagenheit, beschleunigte Herztätigkeit, Gefühl der Unsicherheit. Ich lasse Blutuntersuchungen machen, und in jedem Fall liegt der Lithiumspiegel im Blut unter der therapeutisch wirksamen Konzentration. Eine vorübergehende Erhöhung der Dosis schwächt die Symptome ab. Nach einigen Tagen können die Patienten wieder auf ihre gewohnte tägliche Dosis gesetzt werden, ohne befürchten zu müssen, daß die Symptome sofort wieder auftreten. Ich bin mir sicher, den einzigen Grund für dieses bei allen auftretenden Phänomen darin suchen zu sollen, daß diese Patienten insgesamt auf eine atmosphärische Störung reagieren. Höchstwahrscheinlich hängt sie mit dem Mond zusammen, aber auch eine plötzliche Zunahme der Sonnenfleckentätigkeit oder ein kosmischer Strahlenschauer kann ein unmittelbares Ungleichgewicht des Stoffwechsels verursachen.

Die Patienten sind gern mit meiner Erklärung einverstanden und scheinen beruhigt zu sein, daß nicht etwa fehlendes Lithium an ihren Beschwerden Schuld trägt. Nach meiner Erfahrung gibt es keine feste tägliche Erhaltungsdosis von Lithium. Von Zeit zu Zeit muß die Behandlung geändert werden, um plötzlichen Schwankungen im geomagnetischen Umfeld entgegenzuwirken, auf die Manisch-Depressive außerordentlich empfindlich reagieren.

Wir stehen nun vor einer heiklen wissenschaftlichen Frage. Wie ist die präventive, also vorbeugende Anwendung dieser Methoden zu rechtfertigen?

Man denke an die Verbrechenshäufigkeit einer Stadt. Wir haben überfüllte Slums mit armen, leicht erregbaren Menschen, die mit der Pistole schnell bei der Hand sind. Gewaltanwendung ist eine gewöhnlich periodisch auftretende Erscheinung. Sollen wir jedermann mit Arzneimitteln behandeln? Sollen wir zu Gewalttätigkeit neigende Personen an Hand ihrer Polizeiakten feststellen und sie zwingen, zur Zeit einer erkannten Zunahme von geomagnetischem bzw. Gravitationsstreß gegen ihren Willen Tabletten zu schlucken? Diese »Lösung« könnte mehr Gewaltätigkeit erzeugen als verhindern. Solche »Lösungen« riechen nach Hitlermethoden. Sie erinnern fatal an Anthony Burgess' entsetzenerregende Geschichte von totalitärer Verhaltenskontrolle in seinem Roman *Uhrwerk Orange.*

Es gibt viele Leute, die meinen, erzwungene und unfreiwillige Verhaltenskontrollen sollten bei jedem angewendet werden, der als »asoziale Person« eingestuft worden ist. Viele andere sind der Auffassung, daß wir kein Recht haben, das Verhalten irgendeines Menschen zu überwachen. Und wirklich hat die Gesellschaft kein durch Gesetz verbrieftes Recht, das Verhalten einer Person gegen ihren Willen zu überwachen – und jedermann sollte sich danach richten.

Pläne, sogenannten asozialen Elementen Medikamente zu verabreichen, sind häufig eher von einer gewissen Vergeltungssucht als vom gesunden Menschenverstand motiviert. Tatsache ist, daß die Mehrheit der Personen, die Morde begehen, *keine* Gewohnheitsverbrecher sind. Die meisten haben kein Strafregister und nie zuvor ein Verbrechen begangen. Gewohnheitsgemäße, rückfällige Verbrecher stellen unter jenen, die Morde begehen, eine Minderheit dar. Die weitaus häufigste Ursache verbrecherischer Gewalt liegt in häuslichen Konflikten zwischen Familienmitgliedern oder Freunden, besonders in Verbindung mit Alkohol. Man kann nicht vorhersagen, wer heute abend ermordet wird.

Glücklicherweise gibt es Möglichkeiten, unser Wissen von kosmischem Streß und seinen Wirkungen vernünftig anzuwenden. Wenn von einem Psychiater oder von einem Psychologen bei einem Patienten, dessen Verhalten sonst ziemlich normal ist, periodische manische Anfälle beobachtet werden, sind wir wohl in der Lage, das anzuwenden, was wir über die Auslösung solcher krankhaften Erscheinungen erforscht haben. Früher schrieb man solche Krankheitsverläufe einer Mondsucht zu und bezeichnete den Mondsüchtigen als »lunatisch«. Das Wort ist das lateinische lunaticus, ein von römischen Ärzten und Philosophen häufig gebrauchter Ausdruck. Er wurde vermutlich zuerst auf Epileptiker angewendet, bei denen man beobachtet hatte, daß sie um die Zeit von Neu- und Vollmond häufiger unter Anfällen litten. »Mondsüchtigkeit« wurde dann allgemein für Menschen gebraucht, die Perioden manischen Verhaltens darboten, das zwischen langen, aufgehellten Zeiten der Normalität auftrat.

Dem alten Begriff der Mondsüchtigkeit entspricht das wohlbekannte Syndrom des zirkulären manisch-depressiven Irreseins. Diese Krankheit besteht aus periodischen, sogenannten Episoden von Toben, Launenhaftigkeit, Überregbarkeit und Unvernunft. Dazwischen leben und arbeiten die meisten Manisch-Depressiven normal. Nichts deutet auf gedankliche Verwirrung, auf eine Psychose oder auf irgendwelche ernste geistige Erkrankung hin.

Aus Untersuchungen – besonders jener von Dr. med. Michael H. Stone, die 1976 in den *Psychiatric Annals* veröffentlicht wurde – geht hervor, daß das Auftreten manischer Episoden bei Neu- und Vollmond ansteigt. Die Entwicklung einer wirksamen Behandlung manisch-depressiver Leiden durch Anwendung von Lithium hat einen besseren Einblick in das neurochemische Geschehen bei diesen Erkrankungen ermöglicht. Wie schon erwähnt, stabilisiert Lithium die Erregungsentladungen der Nervenzellen, den Wasserhaushalt im Körper und die Stimmungslage. Die Wirkungsweise von Lithium ist mit der Hypothese vereinbar, daß manischen Anfällen eine extreme biologische Hochflut-Situation im Körper entspricht. Eine Korrektur durch Lithium zeigt, daß eine gefährliche biologische Hochflut durch Zusatz eines einfachen chemischen Stoffes zur Körperflüssigkeit behandelt werden kann.

Dies macht sehr hellhörig, denn es ist durchaus möglich, daß anfallartiges, sonderbares Verhalten von Menschen unstabilen Gleichgewichts ebenfalls extremen biologischen Hochfluten zuzuschreiben ist. Gegenwärtig erstreckt sich die experimentelle Anwendung von Lithium darauf, periodisch auftretenden Depressionen, zyklischen Stimmungsschwankungen und Episoden von Aggressivität vorzubeugen. Das kann auch die Antwort auf die Frage bringen, was man gegen die krankhaften Wirkungen von sonnen- und mondbedingten physiologischen und biochemischen Veränderungen und auch von solchen der Verhaltensweise zu tun vermag.

Bei vielen Patienten können wir wohl eine ständige Gabe von Beruhigungsmitteln vermeiden, wenn wir einen normalen Flüssigkeitshaushalt wiederherstellen und die Empfindlichkeit des Kranken gegen unmittelbare reizauslösende Kräfte sowohl in seinem Alltagsleben als auch in seiner natürlichen geophysikalischen Umwelt verringern. Auf der Ebene Arzt–Patient sollte sich dieses Wissen jetzt als äußerst nützlich erweisen.

Es mag sein, daß wir unsere Kenntnisse von kosmischem Streß auf sinnvolle Weise in breiterem sozialen Maßstab verwerten können. Wenn wir in der Lage sind, eine Periode allgemeinen Verhaltensaufruhrs in einem gegebenen Gebiet vorherzusagen, sollte es uns auch möglich sein, brauchbare Vorsorgeprogramme zu entwerfen. Tatsächlich sagte mein erster Versuch einer Prognose an Hand des Zusammenfallens kosmischer Zyklen eine Zeit allgemeiner Unruhe voraus. Die Berichte über Sterblichkeit, Unfälle und Geisteskrankheiten vermehrten sich deutlich.

Die zu ergreifenden Maßnahmen wären einfach und vernünftig. Über die Nachrichtenmedien könnte die Öffentlichkeit informiert werden, daß eine Zunahme von Reizbarkeit und Verwirrtheit zu erwarten sei, die zu Unfällen und Streitereien führen könnte. Polizei, Feuerwehr und Notdienste wären zu alarmieren, damit sie ihre Hilfsmittel in gefährlichen Zeiten mobilisieren. Notaufnahmeräume in Krankenhäusern mit entsprechender personeller Besetzung könnten vorbereitet werden.

Man könnte einwenden, daß von solchen Alarmen und Warnungen Panikstimmung ausgehen müßte. Meines Erachtens ist dies unwahrscheinlich. Wie ich schon sagte, sind Polizei, Feuerwehr und das zuständige Krankenhauspersonal meistens sowieso auf den Einfluß des Mondes auf Krankheiten, Unfälle und Verhaltensweisen der Menschen eingestellt. Eine Bestätigung dieses Zusammenhanges würde deren eigene Erfahrung nur stützen. Die Bevölkerung hätte größeres Vertrauen, besonders, wenn beispielsweise die Krankenhausdirektoren es für angebracht hielten, das Personal der Einrichtungen für Erste Hilfe in solchen Zeiten zu verstärken.

Wichtig ist, daß wir kosmische Auslösewirkungen ins rechte Licht rücken. Die meisten Gewalttaten haben keinen Zusammenhang mit dem Mond oder mit anderen kosmischen Einflüssen. Der Mond als Killer verursacht nur einen winzigen Teil der Gewaltanwendung.

Stellt man sich Gewalttätigkeit als einen großen amerikanischen Apfelkuchen vor, und will man wissen, wie groß das Stück ist, das dem Einfluß des Mondes zukommen könnte, würde ich nicht mehr als zwei oder drei Prozent schätzen. Stellt man aber die Gesamtbevölkerung der Erde in Rechnung, ergibt sich eine beträchtliche absolute Anzahl von Gewalttaten. Wenn irgend etwas, das wir erforscht haben, dazu beitragen kann, dieses Niveau von Gewalt zu senken, haben wir einen Fortschritt gemacht, der der Mühe wert ist.

Was wir bisher bei unseren Untersuchungen in Miami getan haben, ist eine unabhängige Veränderliche zu finden, die gewalttätiges Verhalten beeinflußt. Dies sollte uns dahin führen, zunächst einmal vorgewarnt zu sein und dann – mit Hilfe der Theorie biologischer Gezeiten – Behandlungsweisen aufzufinden, die den Gezeiten-Ausgleich gewährleisten. Arzneimittelgaben können mit den periodischen Stressen, die unnormales Verhalten auslösen, abgestimmt werden. Solche verhältnismäßig milden Maßnahmen wären der Elektroschocktherapie oder chirurgischen Eingriffen am Gehirn vorzuziehen, die neuerdings bei Patienten vorgenommen werden, die periodischer Gewalttätigkeit unterworfen sind.

Bei der Anwendung lunarer Kenntnisse sollten wir daran denken, einen Kalender mit Angaben sowohl der Sonnen- als auch der Mondzeit zu besitzen. So wäre es möglich, Sonnen- und Mondperiodizitäten und besonders ihr Zusammenwirken zu überblicken. Alte Zivilisationen verwendeten Mondkalender; die Israelis, Chinesen, Hindus und Moslems tun es noch. Interessant ist, daß es in diesen Gesellschaften viel weniger Gewaltverbrechen gibt.

Ein bequem zu handhabender Mond-Sonnen-Kalender könnte nach Computerberechnungen verfertigt werden. Er erlaubte uns, im voraus zu wissen, an welchen Tagen Perioden der Reizbarkeit, des gestörten oder unberechenbaren Verhaltens oder auch erhöhter Unfallgefahr auftreten. Wenn Personen mit reicher Erfahrung und mannigfachen Sachkenntnissen Zeiten möglicher Gemütserregbarkeit bestimmen könnten, wäre die Nützlichkeit eines solchen Kalenders schnell erwiesen. Er sollte beides, lunar und solar sein, weil nur die Kombination den vollen Einblick in die Ereignisse des kosmischen Bereiches gewährt.*

Es ist wichtig, sich zu erinnern, daß der Begriff »lunare Periodizität« sich nicht nur auf Geschehnisse bezieht, die sich um die Zeit von Neu- und Vollmond ereignen. Aus meinen Untersuchungen geht hervor, daß nicht alle Gewalttätigkeit zu Neu- oder Vollmond ihren Gipfel erreicht. Tatsächlich trifft dies nur auf Selbstmord und schwere Körperverletzung zu. Die meisten psychiatrischen Notfälle waren beim ersten Viertel zu registrieren, während sie zu Neu- und Vollmond wesentlich zurückgingen.

Von mondbedingten Maximalzahlen bei gewissen Verhaltensweisen kann erwartet werden, daß sie auch in Abhängigkeit von der geographischen Lage stehen. In Cleveland tritt die höchste Selbstmordrate etwa drei Tage später als Neu- oder Vollmond auf. Dies spiegelt die Verzögerung im Gezeitenzyklus, der dort vorhanden ist, wieder. Unsere Daten können nicht für jede Gegend verallgemeinert werden, ohne daß man sich vorher einen Überblick über dieses Gebiet ver-

* Die in den 1770er Jahren in England berühmte Lunar Society hielt monatliche Sitzungen um die Zeit des Vollmondes ab, so daß die Mitglieder bei Mondschein heimreiten konnten. Zu den »Lunatischen« gehörten Erasmus Darwin, James Watt, John Bakerville und Joseph Priestley. Ihr lebhaftes Interesse galt den Naturwissenschaften und den Entdeckungen.

schafft hätte. Es ist also zu erwarten, daß in jeder Region Höchstwerte mit einer anderen Phasenlage auftreten werden.

Die Bedeutung der geographischen Lage ist noch nicht klar erkannt. Eine Anzahl von weit über die Welt gestreuten Untersuchungen könnte dazu beitragen, den Einfluß von geographischer Länge und Breite auf die Ausprägung von Mondrhythmen zu klären. Vielleicht fände Professor Wings Hypothese von einer Breitendrift bei periodischen Vorgängen in Tierbeständen ihre Bestätigung. Tatsächlich sind vorausschauende Studien zur Verhaltensweise von Tieren, wie etwa die Berichte von F. A. Brown, M. Klinowska und D. S. P. Bisbee, schon an weit auseinanderliegenden Orten in Gang und erweisen sich als nützlich. Die Kenntnis der Wirkung von geographischer Länge und Breite auf diese Rhythmen würde des Fachleuten auf verschiedenen Gebieten ermöglichen, genaue Hinweise auf die Nahtstelle zwischen Zyklus und Psyche zu erhalten.

In meiner psychiatrischen Praxis überlege ich oft, welche Mondphase wir haben. Besonders bei meiner Arbeit mit betagten Patienten stellte ich Zeiten fest, in denen es den alten Leuten gar nicht gut ging. Ich konnte das mit dieser oder jener atmosphärischen Störung in Verbindung bringen, seien es nun Sonnenflecken, das Zusammenwirken kosmischer Zyklen oder Neu- oder Vollmond. Ich vermag diese Patienten zu beruhigen, daß ihre Beschwerden vorübergehend sind, daß diese mit dem Wetter oder atmosphärischen Störungen zusammenhängen und daß sie bald nachlassen werden. Ich hatte noch keinen Anlaß, diese Patienten mit Medikamenten zu behandeln, schließe aber die Möglichkeit für die Zukunft nicht aus.

Ich habe bemerkt, daß Gruppen höheren Lebensalters allgemein empfindlicher auf Störungen der geophysikalischen Umgebung reagieren als jüngere Leute. Ältere sind naturgemäß schwächer, häufig krank und haben vielleicht einen oder mehrere Schlaganfälle hinter sich. (Daß diese oft mit atmosphärischen Störungen zusammenhängen, sei hier wieder vermerkt.) Der Allgemeinzustand der Älteren ist geschwächt, sie sind für jede Art von Streß, einschließlich der kaschierten kosmischen Belastungen anfällig.

In meine Praxis kommen Patienten mit der Erklärung: »Ich bin ein Mondmensch.« Sie behaupten, sie litten zu Neu- und Vollmond unter Depressionen oder Erregungen. Manche erzählen mir auch, daß sie bei

Vollmond nicht schlafen können. Sie stehen auf und wandern im Haus umher. Wieder andere versichern mir, daß sie daraus, *wie sie sich gerade fühlen,* sagen können, ob Neu- oder Vollmond ist.

Manche Menschen, die empfinden, daß sie vom Mond beeinflußt werden, sind sich auch ihrer Neigung zu Gewalttätigkeit bewußt. Ich habe Briefe von Leuten bekommen, die wegen Gewaltverbrechen im Gefängnis sitzen. Es handelt sich nicht um Gewohnheitsverbrecher. Sie sind daran interessiert zu verstehen, was sie veranlaßte, in einer gegebenen Situation die Kontrolle über sich verloren zu haben. Wenn es einen Weg gäbe, zur Beherrschung ihrer Stimmungen zu kommen und sich so selber vor Gewalttätigkeit zu bewahren, wollten sie darüber gern Bescheid wissen. Unsere Untersuchungsergebnisse sind womöglich für diese Personen von Nutzen.

Sinnlose Gewalt hat natürlich eine nahezu unbegrenzte Zahl von Ursachen. Eine bedeutsame haben wir entdeckt, und sie ist – in Grenzen – voraussagbar. Jeder sollte das wissen.

Es wäre für die Allgemeinheit nützlich, von unseren Entdeckungen unterrichtet zu werden. Menschen, die auf risikoreiche Zeiten lebhaft reagieren, sollten sich vor starkem Alkoholgenuß hüten. Sie sollten Waffen, die sie vielleicht besitzen, wegschließen und beim Autofahren äußerst vorsichtig sein. Ereignet sich ein bedeutenderes Zusammenfallen der Wirkungen kosmischer Zyklen, und sind die Ortsansässigen unruhig, greifen meine Familie und ich zu einer einfachen Vorsichtsmaßnahme: zu Haus ein Buch zu lesen, ist eine verhältnismäßig sichere Freizeitbeschäftigung.

Angesichts der Verbreitung meiner Forschungsergebnisse kann ich sicher sein, daß Menschen, die nach irgendeinem abscheulichen Verbrechen ins Gefängnis abgeführt, laut schreien werden: »Der Mond ist schuld, ich nicht!« Es wird immer Leute geben, die die Verantwortung für ihr Tun nicht übernehmen wollen. Sie werden die Schuld allem und jedem zuschreiben, wo sie nur können. Eine Reihe von Rechtsanwälten, die Mörder oder andere Gewaltverbrecher verteidigen und nach Gründen für eine verminderte Schuldfähigkeit suchten, haben sich mit mir in Verbindung gesetzt.

Ich möchte an dieser Stelle unzweideutig feststellen, daß ich bei meinen Untersuchungen keinen Beweis ausgesprochener Empfänglichkeit irgendeines Menschen für kosmische Einflüsse gefunden habe.

Alle meine Untersuchungen waren statistischer Natur. Statistiken von Mordfällen sind nur als Kollektive von Daten vieler Jahre analysiert worden. Es gibt keinen wissenschaftlichen Beleg, der eine Verteidigung wegen verminderter Schuldfähigkeit stützen könnte. Nach meiner Ansicht wäre diese Verteidigung eine falsch verstandene Anwendung und ein Mißbrauch meiner Forschungstätigkeit.

Es sollte klar geworden sein, daß ein breiter Fächer von Möglichkeiten zur Verfügung steht, um lunares Wissen innerhalb der Gesellschaft anzuwenden. Das Gebiet der Kosmobiologie ist neu. Wir können in Zukunft viele interessante Entwicklungen erwarten, die wiederum zu weiteren Anwendungsmöglichkeiten führen werden. Zur Zeit erfolgt die wichtigste Nutzung des Erkenntnisgutes auf zwei Wegen. Da ist einmal die Anwendung auf sozialer Ebene. Sie besteht darin, die städtischen Dienste warnend auf das Zusammenwirken planetarischer Zyklen hinzuweisen, damit sie vorbereitet sind, vermehrten Beanspruchungen nachzukommen. Als zweites kommt der individuelle Bereich in Betracht. Wenn wir eine Zeit kosmischen Stresses oder eine Zyklusüberlagerung vorhersagen, sollten einfache Vorsichtsmaßnahmen getroffen werden, damit wir nicht zur falschen Zeit am falschen Ort bei der falschen oder den falschen Personen sind. Ein solcher Zeitabschnitt wäre ungeeignet, sich z.B. eine Fahrt im turbulenten Großstadtverkehr vorzunehmen. Ein Zusammentreffen von starker Sonnenfleckentätigkeit mit Vollmond dürfte ein falscher Augenblick sein, den Chef um eine Gehaltserhöhung anzugehen.

Frau Barbara Svens, Leiterin des Gesundheitsdienstes am Franklin-Pierce-College in Rindge, in New Hampshire, hat in einer Studie lunare Einflüsse bearbeitet. Sie empfiehlt, bestimmte Arten von Spiel und Unterhaltung eher für die Mondviertel als für Voll- oder Neumond zu planen. Wie sie herausfand, sind die Menschen während der Mondviertel ruhiger. Ein einfaches Beispiel solcher Vorausplanung: aufregende Musik, etwa eine Rock-Band, oder sonstige lärmende Vergnügungen wären besser in »ruhige« Zeiten des Mondmonats zu verlegen. Bei Vollmond fand in Boston ein Rock-Konzert im Freien statt. Das Ergebnis war so katastrophal, daß die Stadt weitere Konzerte untersagte. Und da fragt Mrs. Svens, ob das Konzert mit so verheerenden Folgen verlaufen wäre, wenn man es während des ersten Mondviertels statt bei Vollmond veranstaltet hätte.

Das Schlüsselwort ist hierfür der richtige Zeitpunkt. Beachten wir ihn und sind wir ein bißchen vorsichtig, können wir lernen, mit den planetarischen Kräften und unserer natürlichen Umwelt in Harmonie zu leben.

Inwieweit leiten kosmische Kräfte – wie andere bestimmende Faktoren im Leben – unser Schicksal? Innerhalb gewisser Grenzen sind wir frei, unser Leben nach eigenem Willen zu führen. Aber das ist nicht leicht. Dem Menschen hat es beliebt, sich als von niederen Tieren verschieden zu betrachten, weil er sich der Selbstbestimmung für fähig hält.

Tatsächlich ist derjenige Mensch eine Seltenheit, der es fertigbringt, selbst den Lauf seines Lebens festzulegen. Selbstbestimmung erfordert einen enormen Aufwand an Energie, Antrieb und Beweggründen. Nur wer fähig ist, seine Grundneigungen zu erkennen, zu mobilisieren und zusammenzufassen, ist imstande, eine relative Willensfreiheit zu erlangen. Die Ergebnisse meiner Forschungen zeigen, daß auch die wenigen Glücklichen, die einige »Autonomie« erreicht haben, den Wechselfällen der natürlichen geophysikalischen Umwelt mehr unterworfen sind, als sie bereit wären zuzugeben. Menschen, die fähig sind, die Beschränkungen der Freiheit zu erkennen und sich mit ihnen abzufinden, können innerhalb und am Rand der gegebenen Grenzen tätig sein und so das Beste aus den menschlichen Möglichkeiten machen.

Mit anderen Worten, wir sind so lange frei, wie wir in der Lage sind, die Grenzen unserer Freiheit zu erkennen und anzuerkennen. Dies ist das Dilemma des freien Willens, der versucht, in Harmonie mit dem Universum zu handeln.

Wie können wir Grenzen akzeptieren und doch auf anderen Wegen diese Grenzen überschreiten? Mit der reinen Vernunft allein können wir nicht hoffen, glatt durchs Leben zu steuern. Für ein gesundes Urteil müssen wir uns oft auf Gefühl und Intuition verlassen. Und doch – widersinnigerweise – je mehr wir von unseren Grenzen wissen, desto freier sind wir, weil wir wahrscheinlich weniger Zeit mit der Verfolgung von vergeblichen Vorhaben vergeuden.

Der Mond ist eine der vielen verborgenen kosmischen Kräfte, die durch ihre Anordnung den Hintergrund unseres biologischen Rhythmus bei der Geburt bestimmen und uns ein Schema liefern, nachdem wir unser Leben mit dem Universum synchronisieren können. Der

Mond kann auch eine nicht zu leugnende Anziehung auf Körper und Geist ausüben.

Mit meinen eigenen Forschungen und mit anderen gesammelten einschlägigen Arbeiten habe ich eine Menge von Belegen und auch theoretischen Überlegungen wissenschaftlicher Natur zum nicht wegzudiskutierenden Einfluß des Mondes zusammengetragen. Die Möglichkeiten sind bedrückend, die Fingerzeige vielversprechend. Trotzdem steckt die wissenschaftliche Arbeit auf diesem Gebiet noch in den Kinderschuhen. Immer wieder hat sie unter etwas zu leiden, was Jung den ruinösen Einfluß der Statistik nannte. Wir Wissenschaftler müssen Sprachen und Methoden finden, die anders sind als die der Zahlen und der ungenauen Definitionen, wenn wir ein dynamisches Gefühl für den Mond in unser Leben und in unsere Arbeit einbringen wollen.

Nachwort

von
Dr. med. Hilmar Heckert
Mitglied der
New York Academy of Sciences

»Der Mondeffekt«

Dem Autor dieses Buches, Dr. Lieber, gebührt das Verdienst, erstmals einer breiten Öffentlichkeit von menschlichen Mondrhythmen zu berichten. In der unbefangenen Schilderung seiner Nachforschungen flicht er aus den vielfältigen Verwobenheiten des Lebens mit den Kräften der Umwelt ein Netz von Ursächlichkeiten, das zu seinen biologischen Gezeiten führt.

Die Berücksichtigung zahlreicher, auch nichtbiologischer Tatsachen deutet auf eine verwickelte Forschungsarbeit hin. Wer die Abhängigkeit des Lebens vom Mondlauf untersuchen will und nicht auf allen in Frage kommenden Wissensgebieten belesen ist – und wer ist das schon? –, muß sehr umsichtig vorgehen, um nicht überfordert zu sein.

Die Schwierigkeit, der Ursache auf die Spur zu kommen, bestimmt Dr. Lieber zu einem Konzept von zwei Wegen eines Mondeinflusses: eine direkte Wirkung der Gravitation und eine indirekte über mondabhängige Veränderungen unserer elektromagnetischen Umwelt. Die zweimalige Schwerkraftpulsation im synodischen Mondmonat, aber auch eine gewisse parallele Dynamik des Erdmagnetismus könnten wahrscheinlich beide Grundlage für einen biologischen Doppelrhythmus abgeben. Ein entsprechendes Verhalten der Statistiken Dr. Liebers kann ein kritischer Beobachter jedoch nicht durchgehend verwirklicht finden.

Diese letzte Aussage zeigt, daß es erhebliche Unterschiede bei der Beurteilung von Arbeitsresultaten geben kann. Hier hindert oft, wie auch Dr. Lieber klagt, unsachliche, emotionsbeladene Engagiertheit die objektive, wissenschaftliche Betrachtung.

Statt der im »Mondeffekt« recht umfassenden Zusammenstellung fremder Forschungsergebnisse tritt in den Berichten anderer Autoren neben die nüchterne Zyklusfeststellung die genauere Analyse der gestaltlichen und mathematischen Rhythmusform. Damit kommt man einer mehr auf die eigenen Resultate gestützten Aussage näher. Ein in solcher Weise »versachlichter« Untersuchungsgang bietet dann aber eher akademische Tatsachen und erregt kaum allgemeines Interesse oder gar Aufsehen.

Mondeinfluß im Meinungsbild

Die auffällige stete Änderung der Mondgestalt verfehlte gewiß schon immer ihren Eindruck nicht. Der Volksglauben verbindet sie bis heute mit dem Fortgang des Lebens, mit Wachstum, Fruchtbarkeit und Krankheit (eingehende Darstellungen bei Ellis 1900 und Tallquist 1948).

Die Überzeugung von einem Mondeinfluß auf epileptische Anfälle, das letzte Relikt alter Anschauungen in der Medizin, schwand in der zweiten Hälfte des vorigen Jahrhunderts. Gleichzeitig kamen neue Erkenntnisse von Jahres- und Tagesrhythmen auf. Die Zoologie untersuchte mondgebundene Fortpflanzungsperioden (Caspers 1951), die Medizin die Physiologie des weiblichen Sexualzyklus (Ellis 1900). Einer von verschiedenen Untersuchungen nahegelegten Lunationsrhythmik in der menschlichen Fortpflanzung widersprechen dann mehrere Arbeiten heftig (Hosemann 1950). Seither mehren sich exakte Nachweise von biologischen Mondphasenrhythmen. Trotzdem stoßen diese im humanen Bereich nach wie vor vielfach bei Nichtbiologen (Faust 1979) und bei Zoologen (Neumann 1979) auf kritisch-ablehnende Skepsis.

Warum konnte in Jahrzehnten keine einhellige Meinung von menschlichen Lunationsrhythmen entstehen? Dafür gibt es mehrere Gründe. Die Darstellung von Mondeinflüssen, aber auch die Bewertung vorliegender Beobachtungsergebnisse erfordert ausreichende astronomische, die Ursachenforschung astro- und geophysikalische Kenntnisse. An diesen Vorbedingungen fehlt es nicht selten. Recht störend ist ferner das häufige Vorurteil gegen die Zusammenhänge überhaupt, die gewissermaßen besser im Irrationalen als in der Wissenschaft angesiedelt blieben.

Erschwernis statistischer Bearbeitung

Aufgabe ist die Abstimmung des gleichmäßigen Zeitablaufes mit einer veränderlichen, bei Erdnähe schnelleren und Erdferne langsameren Mondbewegung. Dieser 27,5tägige periodische Vorgang bewirkt von einer 29,5tägigen Lunation zur anderen nach rückwärts wandernde »Zerrungen« zwischen Zeit und Mondalter. Der Abstand zweier Hauptphasen kann so zwischen 6 und 9 Tagen liegen. Für die Zuordnung statistischen Materials zu den Mondaltern gibt es keine ideale Lösung. Seit jeher bemüht man sich daher um zweckgemäße Summationsverfahren. Ihre Bewertung ist mit objektiven Kriterien möglich (Heckert 1961). Von exakten Naturwissenschaften entwickelte Zuordnungssysteme mit anscheinend größerer Genauigkeit müssen keineswegs hilfreich sein, wie in einem konkreten Fall gezeigt wurde.

Periodizitätsfeststellung

Ein Lunationsgeschehen muß sich nicht klar abzeichnen. Ob die vier Hauptphasen oder andere Mondalter das Wesentliche der Periodizität ausmachen, ist zunächst unbekannt. Bei einer etwaigen Verzögerung des Wirkungseintrittes könnte eine biologische Reaktion ohne erkennbare Beziehung zum »verantwortlichen« Mondalter eintreten. Schließlich sind als Reaktion auf die Lunation als solche auch Effekte im Organismus denkbar, die prägnanter Rhythmusformen entbehren. Deutliche Zusammenhänge sind jedenfalls bei Tieren ungleich häufiger als beim Menschen.

Den ersten Hinweis auf die Verhältnisse gibt die statistische Begutachtung der Beobachtungswerte oder des Ganges einer Kurve. Eine signifikante, d.h. nicht zufällige Anordnung muß jedenfalls bei Summationskurven mit dem Registrierintervall, dem Mondphasenmonat, zusammenhängen. (Diese allenthalben als Voraussetzung für die Anerkenntnis von Mondrhythmen geforderte statistische Sicherung bleibt allerdings, wenn sie vorliegt, zuweilen unerwähnt [Neumann 1979, Faust 1979].)

Das Wesen des Rhythmus, der als »Wiederkehr von Ähnlichem in ähnlichen Zeiträumen« anerkannt ist, begründet, warum auch nicht signifikante Kurvenzüge Rhythmen enthalten können. Das Entscheidende ist nämlich die Regelmäßigkeit, nicht dagegen die Amplitude, die übergroß, gering – ja aufgehoben (! Menzel 1950) sein kann. Von der Amplitude hängt aber der Ausfall herkömmlicher Teste ab. Sie beurteilen nicht das Merkmal »Regelmäßigkeit« und sind deshalb wenig tauglich (Menzel 1950, Wing 1954, Heckert u. a. 1961, Lieber 1978). Ein Teil der Mondphasenrhythmen tritt in der Tat brachykymatisch, d. h. schwachwellig, also ohne signikante Schwankung auf (Heckert 1961).

Erfahrung. Die anhaltend geringen Kenntnisse von Lunationsrhythmen sollten zur Nutzung aller Erfahrungen führen, die in der Gesamtheit des vorhandenen Forschungsgutes zu sehen sind.

Die früher geübte, detaillierte, aber doch subjektive Beschreibung von Rhythmusverläufen trifft, wie man weiß, kaum Typisches, sondern eher individuelle Züge der betreffenden Zeitreihe. Diese »formale Analyse« wird nur unter günstigen Umständen auf handfeste Zusammenhänge stoßen. Unter mehreren lunationsabhängigen Geburtenraten (Abb. 1) verlaufen die Kurven von Fischer (1931) und Nottbom (1949) vom 2. bis 8. Tag »völlig« parallel (Abb. 2). Die hochsignifikante Übereinstimmung weist auf eine übergeordnete Ursache, die Mondphasen, hin. Dies berechtigte zur Zusammenfassung mehrerer Geburtenraten. Dabei kam es zu Gipfelbildungen bei den vier Hauptphasen, die unverkennbar mit denen einer Sterberate bei einer Phasenverschiebung von 180° als Ausdruck der Gegensätzlichkeit der beiden Vorgänge korrespondierten (Abb. 3). Über diesen »Erfahrungsbeweis« hinaus gibt es sonst keine entsprechenden Ansätze. Die Nutzbarkeit formaler Analysen stößt schnell an Grenzen, die nur mit andersartigen Verfahren zu erweitern sind.

Analyse. Schon 1843 schloß Schweig nach formaler Analyse von Harnsäureausscheidungskurven auf eine fünfmalige Schwankung während der Lunation. Sehr viel später hat Arrhenius (1898) eine Sinuslinie –

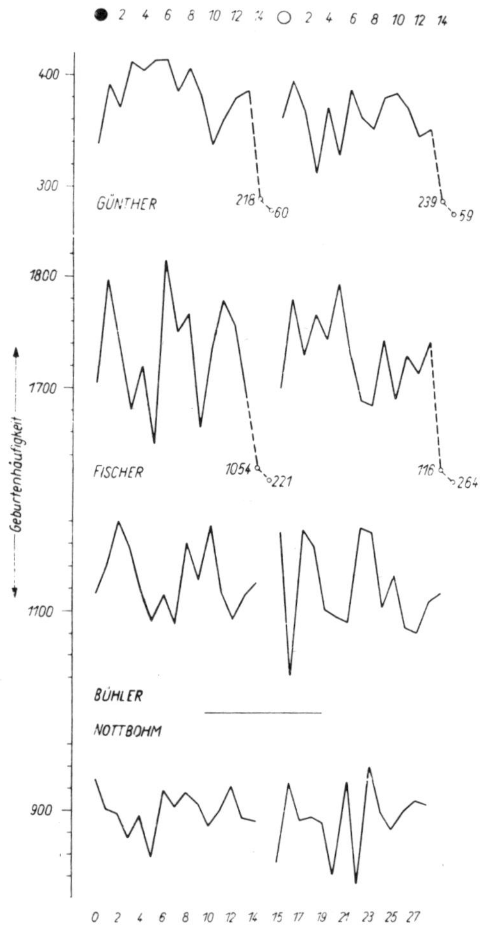

Abb. 1: Geburtenhäufigkeit in Abhängigkeit vom synodischen Mondmonat nach verschiedenen Untersuchern. (Aus Heckert 1961)

Abb. 6 zeigt solche »regelmäßigen« Wellen – Mondrhythmen angenähert. Auf der Möglichkeit, jeden Kurvenzug in ein System von Sinuswellen zu überführen (Fourier-Analyse), beruht das bewährte Blume'sche Verfahren (1943). Die Cosinor-Methode (Halberg 1967) ist bei Mondrhythmen noch unerprobt.

Die Periodenanalysen stellen gewisse mathematische Anforderungen, gewähren dafür aber objektive, statistisch auswertbare Einblicke in Rhythmusstrukturen. Dies ist beim Vergleich verschiedener Periodizitäten für die Sicherung von Zusammenhängen von hervorragender

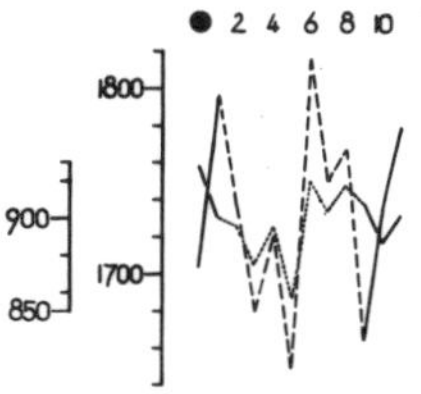

Abb. 2: Teilkorrespondenzen der Beobachtungsreihen von Fischer und Nottbohm aus Abb. 1. (Aus Heckert 1955)

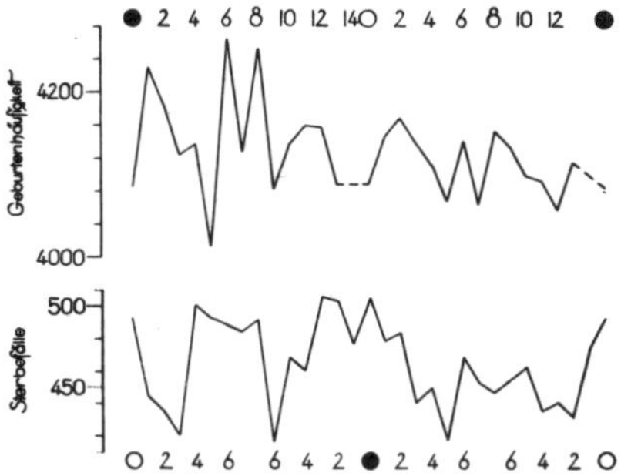

Abb. 3: Geburten und Sterbefälle in Abhängigkeit vom synodischen Mondmonat (dargestellt mit einer Phasenverschiebung von 180°). (Aus Heckert 1955)

Bedeutung. In Zweifelsfällen ist der Nachweis von Lunationsrhythmen nicht mehr nur auf vielleicht auch unklare Ergebnisse von Wiederholungsstudien angewiesen.

Lunationsrhythmen des Menschen

Man hat selten versucht, Mondphasenperiodizitäten am einzelnen Menschen nachzuweisen. Dagegen wurde häufig eine Vielzahl gleicher Lebensäußerungen statistisch zusammengefaßt und auf ihre Mondabhängigkeit geprüft. Was hat man nun untersucht, und welche Lunationsrhythmen wurden nachgewiesen?

Rhythmen des Einzelindividuums. Eine Veränderlichkeit des Farbsehens fiel mehrfach auf (Dresler 1940, Kohlrausch 1943). Es ist gesichert, daß um Neumond Farben bläulicher, um Vollmond rötlicher gesehen werden (Abb. 4). Verschiedene Autoren (Schweig 1843, Jores 1937, v. Pentz 1952) registrierten stets sehr niedrige Werte der Harnsäureausscheidung um den 4. Tag nach Neumond. Schließlich existiert

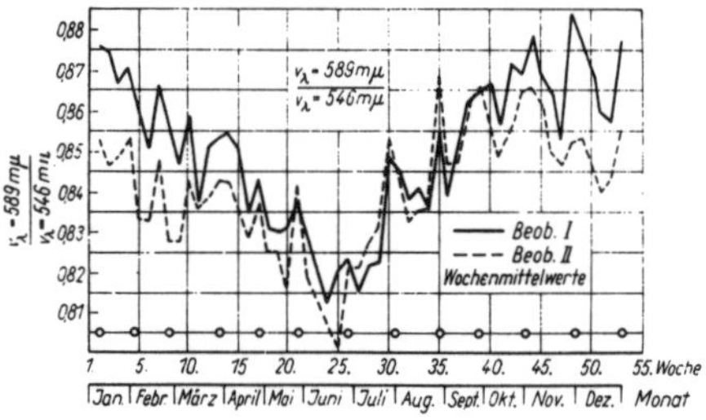

Abb. 4: Spektrale Hellempfindlichkeit in Abhängigkeit von Jahreszeit und Lunation bei Dresler (1941), aus Kohlrausch (1943). (Aus Heckert 1961)

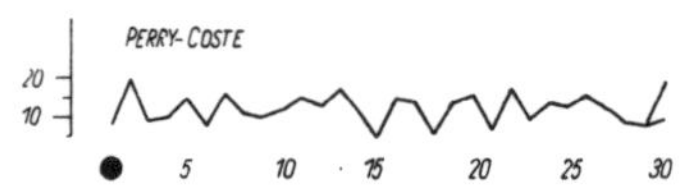

Abb. 5: Pollutionen in Abhängigkeit vom synodischen Mondmonat nach Perry-Coste (1900). (Aus Heckert 1961)

eine ungewöhnliche Selbstbeobachtung (Perry-Coste 1900; Abb. 5) von 364 Pollutionen (Samenergüsse). Hier ergaben mathematische Analysen signifikante Beziehungen zur Lunationsrate der Geburten (Heckert 1974), während die Harnsäureausscheidung gewisse Parallelen zur Geburten- und zur Sterbehäufigkeit zeigte (Heckert 1961).

Statistische Rhythmen. So gut wie ergebnislos blieb bis vor kurzem die lebhafte Diskussion um die Mondphasenabhängigkeit der Epilepsie und des Fortpflanzungsverhaltens des Menschen. Ein Erkenntnisfortschritt ergab sich erst, als Periodenanalysen signifikante Beziehungen zwischen der lunaren Geburten- und Sterberate darstellten. Der Gegensatz von Leistung und Versagen des Organismus ließ sich auch für Mikroorganismen am Verhalten von Lungenentzündungen (Brunner 1898, 1899) nachweisen (Heckert 1961). Eine weitere überzufällige Parallele (Heckert 1963) besteht zwischen dem Lunationsrhythmus der Todesfälle und der von Klimmer (1947) mitgeteilten Häufigkeit epileptischer Anfälle. Die von Dr. Lieber beschriebenen Aggressionsakte lassen sich hier noch nicht einordnen. Einen sehr prägnanten, doch umstrittenen Rhythmus gehäufter Menstruationen verzeichnet die »klassische« Beobachtung von Guthmann u. Oswald (1936). Sie fanden außergewöhnliche Massierungen von Blutungseintritten zu den Syzygien, wofür aber später nie eine volle Bestätigung erlangt wurde. Zum Schluß sei noch die mehrfach berichtete, von Dewey (1950) gesicherte Parallelität von Mondwachstum (!) und Geburtenfrequenz erwähnt.

Rhythmusform und Rhythmuswesentlichkeit

Das Typische einer Mondphasenperiodizität liest man zwar im großen ganzen am Farbsehen, sonst aber kaum ab. Die parallele Verarbeitung geeigneten Zahlenmaterials mittels Periodenanalysen (Abb. 6) läßt uns mathematische Rhythmusstrukturen scharf, doch wenig »gegenständlich« erkennen. So verraten aber auch uncharakteristische Rhythmen ihre gegenseitigen Beziehungen. In Abb. 7 sind die von Punkten dargestellten Phasendifferenzen je zweier Teilwellen gleicher Frequenz aus den Lunationsrhythmen von Geburt und Tod eingetragen. Die

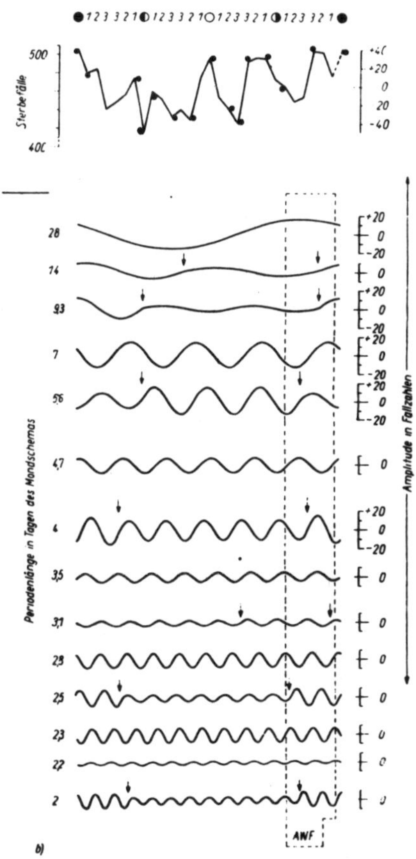

Abb. 6: Periodenanalyse einer repräsentativen synodisch-lunaren Sterberate. (Aus Heckert 1961)

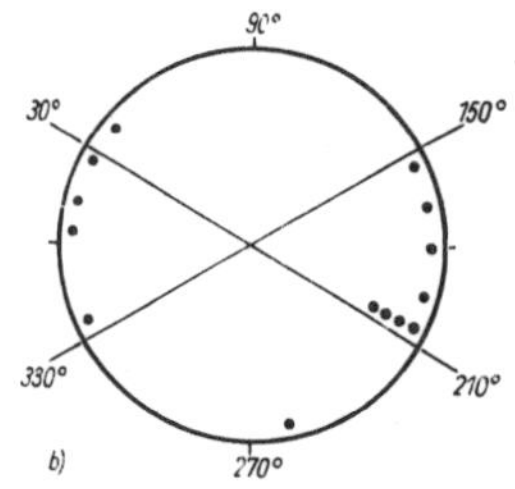

Abb. 7: Phasendifferenzenuhr (Phasendifferenzen von Teilwellen einer synodisch-lunaren Geburtenrate zu Teilwellen gleicher Frequenz einer synodisch-lunaren Sterberate). (Aus Heckert 1961)

hochsignifikante Anordnung zeigt viele Differenzen bei 180° als Ausdruck der Gegenläufigkeit verglichener Wellen und der Gegensätzlichkeit von Werden und Vergehen, dann aber bei 0° eine Häufung von paarweise gleichsinnig schwingenden Wellen, die eine Parallele von »Lebenstrieb und Lebensermattung« (Hellpach 1935) wiedergeben. Den Rhythmusstrukturen von Geburt und Tod lassen sich oben schon erwähnte Periodizitäten zuordnen (Tab. 1). Es wird mancher Nachforschungen bedürfen, um zu einer verbindlichen Beschreibung der Rhythmusstrukturen zu kommen und ihre korrespondierenden Effekte auf den Gang der Periodizitäten zu erkennen.

Die Einflußnahme der Mondphase auf statistische Zeitreihen scheint häufig nicht so stark, die Ausprägung der Rhythmusgestalt in diesem Sinne schwachwellig zu sein. Aus der Unstetheit der Geburtenrate (Abb. 1), aus ähnlichen Verhältnissen in städtischen Bevölkerungsbewegungen (Heckert 1967) und aus der individuellen Gestaltung der Harnsäureausscheidung ist zu schließen, daß zeitliche und individuelle (und örtliche?) Faktoren zu einer Abflachung von Mondphasenperiodizitäten Anlaß geben können. Andererseits belegen die straffen Beziehungen zwischen den Rhythmusstrukturen eine konsequente Wirksamkeit der Mondphasen. In diese Richtung weisen auch die Resultate der Beobachtungen an mindestens zwölf Einzelpersonen, die alle einem Lunationsrhythmus folgten. Demnach ist höchst unwahrscheinlich, daß die Hälfte der Bevölkerung, wie Dr. Lieber meint, sich in einem Zustand negativer Empfänglichkeit befinden sollte. Eine gegenüber ähnlichen Kräften etwas geringere Wirksamkeit des Mondphasengeschehens hat allerdings wenig Wahrscheinlichkeit für sich, zeigt doch die Harnsäureausscheidung einen Rhythmus mit kräftiger Amplitude.

Tab. 1
Lunationsrhythmen

Aktivitäts-	Versagens-	andere	undefinierte
Geburt	Tod	Farbsehen	Menstruation (?)
Pollution	Epilepsie		Aggression
Pneumokokken			
Harnsäure-ausscheidung (?)			

Zur Ursache

Nicht alle Autoren, die sich für einen Mondeinfluß aussprechen, haben zum Problem der Ursächlichkeit Stellung genommen. Die Deutungen sind meistens grob und neigen überwiegend einem indirekten Einfluß über Umweltänderungen, selten einer direkten Wirkung der Schwerkraft zu.

Dr. Lieber hält beide Mechanismen für gegeben und lehnt das weithin anerkannte Konzept einer »Inneren Uhr« strikt ab. Die Entwicklung eines Ursachenmodells beruht nun auf der Abstimmung einwirkender Kräfte mit der Rhythmusform. Die Lunationszyklen der Aggression sind aber uneinheitlich (die Mordrate von Dade mit zweigipfliger, die Selbstmordrate mit dreigipfliger Kurve), das Profil der Akkordwirkung der von Dr. Lieber genannten Umwelteinflüsse ist schlecht darstellbar. Eine sachgerechte Beurteilung wird so verwehrt. Für ein Phänomen »Breitendrift« hat man m. E. keinen Anhalt. Auch aus Dr. Liebers Sicht sind die Verhältnisse nicht eindeutig: Die Mordrate von Dade und von Cuyahoga besitzen beide einen der Maximalwerte genau 3 Tage nach Neumond, also ohne breitenabhängige Verschiebung!

Unter Berücksichtigung der Rhythmusstrukturen kommt eine Diskussion der Kausalität zu folgendem Ergebnis: Bewirkende Ursache ist die kontinuierliche Änderung der von der Erde aus gesehenen Richtungen nach Sonne und Mond; der jeweilige Winkel könnte von der Gravitation oder anderen unbekannten Kräften (?) markiert werden

(Heckert 1961). Die Wirksamkeit der Schwerkraft wurde an Bevölkerungsbewegungen im anomalistischen Mondmonat (Abb. 8) demonstriert (Heckert 1974).

Wie Mondwirkungen vom Organismus aufgenommen werden, ist unklar. Für die geringe Größe des Bereichs des menschlichen Körperwassers stellt das Gezeitenpotential jedenfalls keine bewirkende Kraft dar. Es liegt aber nahe, welcher Art äußere Reize auch sein mögen, daß sie auf dem Wege über das Nervensystem verarbeitet werden. Dessen bedarf es jedoch nicht unbedingt, wie die Aktivitätsänderungen von Mikroorganismen belegen, die ohne eigentliches Nervensystem sind. In den letzten Jahren werden die zirkadianen Rhythmen immer mehr in Abhängigkeit von Strukturen im Zellinnern gesehen (z. B. Schweiger 1979). Ob hier tatsächlich auch das Vermittlungssystem für Lunationswirkungen gelegen ist, läßt sich heute nicht sagen.

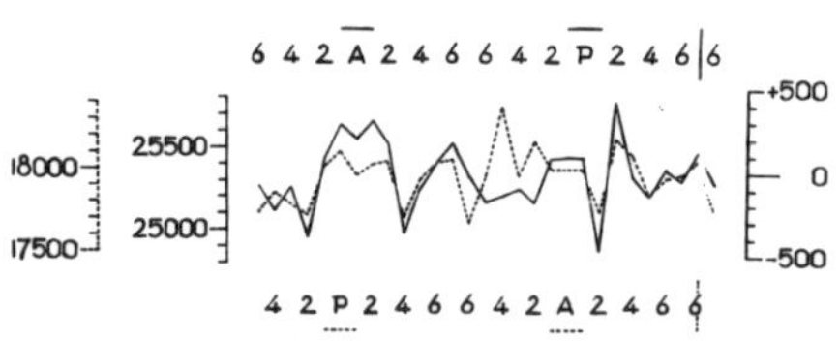

Abb. 8: Geburten (ausgezogene Kurve) und Sterbefälle (gestrichelte Kurve) in Abhängigkeit vom anomalistischen Mondmonat (dargestellt mit einer Phasenverschiebung von 193°; A = Apogäum, P = Perigäum). (Aus Heckert 1974)

Mondphasenperiodizitäten und biologische Rhythmen

Zyklische Erscheinungen sind außerordentlich zahlreich. Jeder kennt den jährlichen Wachstumsrhythmus der Pflanzen, den Wechsel von Wachen und Schlafen, und den rhythmischen Herzschlag. Jeder Laie hat vom Sexualzyklus gehört. Die periodischen Abläufe zeigen sehr unterschiedliche Zeitspannen. Sie reichen von den Bruchteilen einer Sekunde umfassenden Periodizitäten der Nerventätigkeit, über tagesrhythmische Vorgänge, mehrtägige Krankheitsperioden, Monats- und Jahresrhythmen bis zu dem vieljährigen Generationswechsel. Wir sehen, daß der menschliche Organismus auch in Abhängigkeit von mehreren planetarischen Situationen steht. Dadurch kommt es zu

Überlagerungen verschiedener Rhythmen (Beispiel: Abb. 4, Mondphasenzyklus und Jahresgang des Farbsehens).

In die Reihe der nach ihrer Länge geordneten Rhythmen fügen sich die synodisch-lunaren Periodizitäten nahtlos ein. Die kürzeste, dort bei Rhythmusanalysen gefundene Welle von etwa zwei Tagen stimmt mit dem 48stündigen, dem längsten, aus Analysen tagesrhythmischer Vorgänge bekannten Intervall zeitlich überein. Tagesrhythmus und Lunation sind beide Grundperioden von zugehörigen, kürzeren Oberschwingungen. Diese Verhältnisse deuten unmißverständlich auf ein natürlich-biologisches Geschehen, dem nichts »Mysteriöses« anhaftet.

Biologische Gezeiten

Das Gewebe verflochtener Rhythmen verschiedener Herkunft und Ursache durchwogt ein kompliziertes Auf und Ab, in das die Mondphasenzyklen eingebettet sind, ohne daß ihnen eine irgendwie bevorzugte Stellung zukommt. Lunationsrhythmen sind aber deutlich vielgestaltiger und andersgeartet als die physikalischen Gezeiten. Wir sollten also die »Biologischen Gezeiten« Dr. Liebers in einem übertragenen Sinne auffassen. Der Begriff könnte dann zwanglos über den Bereich der Lunationsrhythmen hinausweisen. »Biologische Gezeiten« möchten für das gesamte biologische Rhythmusgeschehen überhaupt stehen.

Mondphasen-Ephemeride

MONDPHASEN
(NACH BERECHNUNGEN DES MARINEOBSERVATORIUMS DER VEREINIGTEN STAATEN)

Die Tabellen geben den Eintritt der Mondphasen in MEZ (Mitteleuropäische Zeit) an (*d* = Tag, *h* = Stunde, *m* = Minute). Während einer Sommerzeitregelung muß den Daten eine Stunde hinzugerechnet werden.

Neumond	*d h m*	Erstes Viertel	*d h m*	Vollmond	*d h m*	Letztes Viertel	*d h m*
1978							
						Jan.	2 13 08
Jan.	9 05 01	Jan.	16 04 04	Jan.	24 08 56	Febr.	1 00 52
Febr.	7 15 56	Febr.	14 23 12	Febr.	23 02 27	März	2 09 35
März	9 03 37	März	16 19 21	März	24 17 21	März	31 16 11
April	7 16 16	April	15 14 56	April	23 05 11	April	29 22 03
Mai	7 05 47	Mai	15 08 40	Mai	22 14 17	Mai	29 04 32
Juni	5 20 02	Juni	13 23 45	Juni	20 21 32	Juni	27 12 45
Juli	5 10 51	Juli	13 11 50	Juli	20 04 06	Juli	26 23 32
Aug.	4 02 01	Aug.	11 21 07	Aug.	18 11 15	Aug.	25 13 19
Sept.	2 17 10	Sept.	10 04 21	Sept.	16 20 02	Sept.	24 06 08
Okt.	2 07 42	Okt.	9 10 38	Okt.	16 07 10	Okt.	24 01 35
Okt.	31 21 07	Nov.	7 17 19	Nov.	14 21 01	Nov.	22 22 25
Nov.	30 09 20	Dez.	7 01 35	Dez.	14 13 32	Dez.	22 18 42
Dez.	29 20 37						

MONDPHASEN

Neumond	d h m	Erstes Viertel	d h m	Vollmond	d h m	Letztes Viertel	d h m
1979							
		Jan.	5 12 15	Jan.	13 08 09	Jan.	21 12 24
Jan.	28 07 20	Febr.	4 01 37	Febr.	12 03 40	Febr.	20 02 18
Febr.	26 17 46	März	5 17 23	März	13 22 15	März	21 12 23
März	28 04 00	April	4 10 58	April	12 14 16	April	19 19 31
April	26 14 16	Mai	4 05 26	Mai	12 03 01	Mai	19 00 57
Mai	26 01 01	Juni	2 23 39	Juni	10 12 56	Juni	17 06 02
Juni	24 12 59	Juli	2 16 24	Juli	9 21 01	Juli	16 12 00
Juli	24 02 42	Aug.	1 06 58	Aug.	8 04 22	Aug.	14 20 03
Aug.	22 18 11	Aug.	30 19 10	Sept.	6 12 00	Sept.	13 07 16
Sept.	21 10 48	Sept.	29 05 20	Okt.	5 20 37	Okt.	12 22 25
Okt.	21 03 24	Okt.	28 14 07	Nov.	4 06 48	Nov.	11 17 24
Nov.	19 19 04	Nov.	26 22 09	Dez.	3 19 09	Dez.	11 15 00
Dez.	19 09 24	Dez.	26 06 12				
1980							
				Jan.	2 10 04	Jan.	10 12 51
Jan.	17 22 21	Jan.	24 14 59	Febr.	1 03 22	Febr.	9 08 37
Febr.	16 09 51	Febr.	23 01 15	März	1 22 00	März	10 00 49
März	16 19 57	März	23 13 32	März	31 16 15	April	8 13 07
April	15 04 47	April	22 04 01	April	30 08 35	Mai	7 21 51
Mai	14 13 01	Mai	21 20 17	Mai	29 22 29	Juni	6 03 54
Juni	12 21 39	Juni	20 13 32	Juni	28 10 03	Juli	5 08 29
Juli	12 07 46	Juli	20 06 52	Juli	27 19 55	Aug.	3 13 01
Aug.	10 20 10	Aug.	18 23 29	Aug.	26 04 43	Sept.	1 19 08
Sept.	9 11 01	Sept.	17 14 55	Sept.	24 13 09	Okt.	1 04 18
Okt.	9 03 51	Okt.	17 04 49	Okt.	23 21 53	Okt.	30 17 34
Nov.	7 21 43	Nov.	15 16 47	Nov.	22 07 40	Nov.	29 11 00
Dez.	7 15 36	Dez.	15 02 48	Dez.	21 19 09	Dez.	29 07 33

MONDPHASEN

Neumond	d h m	Erstes Viertel	d h m	Vollmond	d h m	Letztes Viertel	d h m
1981							
Jan.	6 08 25	Jan.	13 11 10	Jan.	20 08 40	Jan.	28 05 20
Febr.	4 23 15	Febr.	11 18 50	Febr.	18 23 59	Febr.	27 02 16
März	6 11 32	März	13 02 52	März	20 16 23	März	28 20 35
April	4 21 20	April	11 12 12	April	19 09 00	April	27 11 15
Mai	4 05 20	Mai	10 23 23	Mai	19 01 04	Mai	26 22 01
Juni	2 12 33	Juni	9 12 34	Juni	17 16 05	Juni	25 05 26
Juli	1 20 04	Juli	9 03 40	Juli	17 05 40	Juli	24 10 41
Juli	31 04 53	Aug.	7 20 27	Aug.	15 17 38	Aug.	22 15 17
Aug.	29 15 45	Sept.	6 14 27	Sept.	14 04 10	Sept.	20 20 48
Sept.	28 05 08	Okt.	6 08 46	Okt.	13 13 51	Okt.	20 04 41
Okt.	27 21 14	Nov.	5 02 09	Nov.	11 23 28	Nov.	18 15 54
Nov.	26 15 39	Dez.	4 17 23	Dez.	11 09 42	Dez.	18 06 49
Dez.	26 11 11						

Neumond	d h m	Erstes Viertel	d h m	Vollmond	d h m	Letztes Viertel	d h m
1982							
		Jan.	3 05 47	Jan.	9 20 54	Jan.	17 00 59
Jan.	25 05 57	Febr.	1 15 29	Febr.	8 08 58	Febr.	15 21 22
Febr.	23 22 14	März	2 23 16	März	9 21 46	März	17 18 15
März	25 11 18	April	1 06 09	April	8 11 19	April	16 13 43
April	23 21 29	April	30 13 08	Mai	8 01 45	Mai	16 06 12
Mai	23 05 41	Mai	29 21 07	Juni	6 17 00	Juni	14 19 07
Juni	21 12 53	Juni	28 06 58	Juli	6 08 32	Juli	14 04 47
Juli	20 19 58	Juli	27 19 22	Aug.	4 23 35	Aug.	12 12 09
Aug.	19 03 46	Aug.	26 10 50	Sept.	3 13 29	Sept.	10 18 20
Sept.	17 13 10	Sept.	25 05 07	Okt.	3 02 10	Okt.	10 00 28
Okt.	17 01 05	Okt.	25 01 09	Nov.	1 13 58	Nov.	8 07 39
Nov.	15 16 11	Nov.	23 21 06	Dez.	1 01 22	Dez.	7 16 54
Dez.	15 10 19	Dez.	23 15 18	Dez.	30 12 34		

MONDPHASEN

Neumond	d h m	Erstes Viertel	d h m	Vollmond	d h m	Letztes Viertel	d h m
1983							
						Jan.	6 05 01
Jan.	14 06 09	Jan.	22 06 35	Jan.	28 23 27	Febr.	4 20 18
Febr.	13 01 32	Febr.	20 18 33	Febr.	27 09 59	März	6 14 17
März	14 18 45	März	22 03 27	März	28 20 28	April	5 09 40
April	13 08 59	April	20 09 58	April	27 07 32	Mai	5 04 44
Mai	12 20 26	Mai	19 15 18	Mai	26 19 48	Juni	3 22 08
Juni	11 05 38	Juni	17 20 47	Juni	25 09 33	Juli	3 13 13
Juli	10 13 19	Juli	17 03 52	Juli	25 00 28	Aug.	2 01 53
Aug.	8 20 19	Aug.	15 13 48	Aug.	23 16 00	Aug.	31 12 23
Sept.	7 03 36	Sept.	14 03 25	Sept.	22 07 37	Sept.	29 21 06
Okt.	6 12 17	Okt.	13 20 43	Okt.	21 22 54	Okt.	29 04 38
Nov.	4 23 22	Nov.	12 16 49	Nov.	20 13 30	Nov.	27 11 51
Dez.	4 13 27	Dez.	12 14 10	Dez.	20 03 02	Dez.	26 19 53
1984							
Jan.	3 06 16	Jan.	11 10 49	Jan.	18 15 06	Jan.	25 05 48
Febr.	2 00 47	Febr.	10 05 00	Febr.	17 01 42	Febr.	23 18 13
März	2 19 32	März	10 19 28	März	17 11 10	März	24 09 00
April	1 13 11	April	9 05 53	April	15 20 11	April	23 01 27
Mai	1 04 46	Mai	8 12 50	Mai	15 05 29	Mai	22 18 45
Mai	30 17 49	Juni	6 17 42	Juni	13 15 42	Juni	21 12 11
Juni	29 04 20	Juli	5 22 05	Juli	13 03 21	Juli	21 05 02
Juli	28 12 52	Aug.	4 03 34	Aug.	11 16 45	Aug.	19 20 42
Aug.	26 20 26	Sept.	2 11 30	Sept.	10 08 02	Sept.	18 10 32
Sept.	25 04 12	Okt.	1 22 53	Okt.	10 00 59	Okt.	17 22 14
Okt.	24 13 09	Okt.	31 14 09	Nov.	8 18 43	Nov.	16 08 00
Nov.	22 23 58	Nov.	20 09 01	Dez.	8 11 54	Dez.	15 16 26
Dez.	22 12 48	Dez.	30 06 28				

MONDPHASEN

Neumond	*d h m*	Erstes Viertel	*d h m*	Vollmond	*d h m*	Letztes Viertel	*d h m*
1985							
				Jan.	7 03 18	Jan.	14 00 27
Jan.	21 03 30	Jan.	29 04 31	Febr.	5 16 19	Febr.	12 08 57
Febr.	19 19 44	Febr.	28 00 42	März	7 03 14	März	13 18 35
März	21 12 59	März	29 17 12	April	5 12 33	April	12 05 42
April	20 06 22	April	28 05 26	Mai	4 20 54	Mai	11 18 35
Mai	19 22 41	Mai	27 13 56	Juni	3 04 51	Juni	10 09 20
Juni	18 12 59	Juni	25 19 54	Juli	2 13 09	Juli	10 01 50
Juli	18 00 58	Juli	25 00 40	Juli	31 22 42	Aug.	8 19 29
Aug.	16 11 07	Aug.	23 05 38	Aug.	30 10 28	Sept.	7 13 17
Sept.	14 20 21	Sept.	21 12 04	Sept.	29 01 09	Okt.	7 06 05
Okt.	14 05 34	Okt.	20 21 13	Okt.	28 18 38	Nov.	5 21 08
Nov.	12 15 21	Nov.	19 10 04	Nov.	27 13 43	Dez.	5 10 02
Dez.	12 01 55	Dez.	19 02 59	Dez.	27 08 31		
1986							
Jan.	10 13 23					Jan.	3 20 49
Febr.	9 01 57	Jan.	17 23 14	Jan.	26 01 31	Febr.	2 05 42
März	10 15 52	Febr.	16 20 56	Febr.	24 16 03	März	3 13 18
April	9 07 09	März	18 17 39	März	26 04 03	April	1 20 31
Mai	8 23 10	April	17 11 35	April	24 13 48	Mai	1 04 23
Juni	7 15 01	Mai	17 02 01	Mai	23 21 46	Mai	30 13 56
Juli	7 05 56	Juni	15 13 01	Juni	22 04 42	Juni	29 01 54
Aug.	5 19 36	Juli	14 21 11	Juli	21 11 41	Juli	28 16 35
Sept.	4 08 11	Aug.	13 03 22	Aug.	19 19 55	Aug.	27 09 39
Okt.	3 19 55	Sept.	11 08 42	Sept.	18 06 35	Sept.	26 04 18
Nov.	2 07 03	Okt.	10 14 30	Okt.	17 20 23	Okt.	25 23 27
Dez.	1 17 44	Nov.	8 22 12	Nov.	16 13 13	Nov.	24 17 51
Dez.	31 04 11	Dez.	8 09 03	Dez.	16 08 06	Dez.	24 10 18

MONDPHASEN

Neumond	*d*	*h*	*m*	Erstes Viertel	*d*	*h*	*m*	Vollmond	*d*	*h*	*m*	Letztes Viertel	*d*	*h*	*m*
1987															
				Jan.	6	23	36	Jan.	15	03	31	Jan.	22	23	47
Jan.	29	14	46	Febr.	5	17	21	Febr.	13	21	59	Febr.	21	09	57
Febr.	28	01	51	März	7	12	58	März	15	14	13	März	22	17	22
März	29	13	47	April	6	08	49	April	14	03	32	April	20	23	16
April	28	02	36	Mai	6	03	26	Mai	13	13	51	Mai	20	05	04
Mai	27	16	14	Juni	4	19	54	Juni	11	21	50	Juni	18	12	03
Juni	26	06	37	Juli	4	09	35	Juli	11	04	33	Juli	17	21	18
Juli	25	21	38	Aug.	2	20	25	Aug.	9	11	18	Aug.	16	09	26
Aug.	24	13	00	Sept.	1	04	49	Sept.	7	19	14	Sept.	15	00	45
Sept.	23	04	09	Sept.	30	11	40	Okt.	7	05	13	Okt.	14	19	06
Okt.	22	18	29	Okt.	29	18	11	Nov.	5	17	47	Nov.	13	15	39
Nov.	21	07	34	Nov.	28	01	38	Dez.	5	09	02	Dez.	13	12	42
Dez.	20	19	26	Dez.	27	11	01								
1988															
								Jan.	4	02	41	Jan.	12	08	04
Jan.	19	06	27	Jan.	25	22	55	Febr.	2	21	53	Febr.	11	00	01
Febr.	17	16	56	Febr.	24	13	16	März	3	17	02	März	11	11	57
März	18	03	03	März	25	05	42	April	2	10	22	April	9	20	22
April	16	13	01	April	23	23	32	Mai	2	00	42	Mai	9	02	24
Mai	15	23	11	Mai	23	17	50	Mai	31	11	54	Juni	7	07	23
Juni	14	10	15	Juni	22	11	24	Juni	29	20	47	Juli	6	12	38
Juli	13	22	53	Juli	22	03	16	Juli	29	04	26	Aug.	4	19	23
Aug.	12	13	32	Aug.	20	16	52	Aug.	27	11	57	Sept.	3	04	52
Sept.	11	05	51	Sept.	19	04	19	Sept.	25	20	08	Okt.	2	17	59
Okt.	10	22	50	Okt.	18	14	02	Okt.	25	05	36	Nov.	1	11	12
Nov.	9	15	21	Nov.	16	22	36	Nov.	23	16	54	Dez.	1	07	50
Dez.	9	06	37	Dez.	16	06	41	Dez.	23	06	29	Dez.	31	05	58

MONDPHASEN

1989

Neumond	d	h	m	Erstes Viertel	d	h	m	Vollmond	d	h	m	Letztes Viertel	d	h	m
Jan.	7	20	23	Jan.	14	15	00	Jan.	21	22	34	Jan.	30	03	04
Febr.	6	08	38	Febr.	13	00	15	Febr.	20	16	33	Febr.	28	21	08
März	7	19	20	März	14	11	11	März	22	10	59	März	30	11	23
April	6	04	34	April	13	00	14	April	21	04	14	April	28	21	46
Mai	5	12	48	Mai	12	15	21	Mai	20	19	17	Mai	28	05	01
Juni	3	20	54	Juni	11	08	00	Juni	19	07	58	Juni	26	10	10
Juli	3	06	00	Juli	11	01	20	Juli	18	18	43	Juli	25	14	33
Aug.	1	17	06	Aug.	9	18	29	Aug.	17	04	07	Aug.	23	19	41
Aug.	31	06	45	Sept.	8	10	50	Sept.	15	12	51	Sept.	22	03	11
Sept.	29	22	48	Okt.	8	01	53	Okt.	14	21	33	Okt.	21	14	19
Okt.	29	16	29	Nov.	6	15	12	Nov.	13	06	52	Nov.	20	05	45
Nov.	28	10	42	Dez.	6	02	26	Dez.	12	17	31	Dez.	20	00	55
Dez.	28	04	21												

1990

Neumond	d	h	m	Erstes Viertel	d	h	m	Vollmond	d	h	m	Letztes Viertel	d	h	m
				Jan.	4	11	41	Jan.	11	05	58	Jan.	18	22	18
Jan.	26	20	21	Febr.	2	19	33	Febr.	9	20	17	Febr.	17	19	49
Febr.	25	09	55	März	4	03	06	März	11	11	59	März	19	15	31
März	26	20	49	April	2	11	25	April	10	04	20	April	18	08	03
April	25	05	28	Mai	1	21	19	Mai	9	20	31	Mai	17	20	46
Mai	24	12	48	Mai	31	09	12	Juni	8	12	02	Juni	16	05	49
Juni	22	19	56	Juni	29	23	08	Juli	8	02	24	Juli	15	12	05
Juli	22	03	55	Juli	29	15	02	Aug.	6	15	21	Aug.	13	16	55
Aug.	20	13	40	Aug.	28	08	36	Sept.	5	02	47	Sept.	11	21	54
Sept.	19	01	47	Sept.	27	03	07	Okt.	4	13	03	Okt.	11	04	32
Okt.	18	16	38	Okt.	26	21	27	Nov.	2	22	49	Nov.	9	14	02
Nov.	17	10	05	Nov.	25	14	12	Dez.	2	08	51	Dez.	9	03	05
Dez.	17	05	23	Dez.	25	04	17	Dez.	31	19	37				

MONDPHASEN

Neumond	d	h	m	Erstes Viertel	d	h	m	Vollmond	d	h	m	Letztes Viertel	d	h	m
1991															
												Jan.	7	19	37
Jan.	16	00	51	Jan.	23	15	23	Jan.	30	07	10	Febr.	6	14	53
Febr.	14	18	33	Febr.	21	23	59	Febr.	28	19	26	März	8	11	33
März	16	09	11	März	23	07	03	März	30	08	18	April	7	07	47
April	14	20	38	April	21	13	40	April	28	22	00	Mai	7	01	48
Mai	14	05	37	Mai	20	20	47	Mai	28	12	38	Juni	5	16	31
Juni	12	13	07	Juni	19	05	20	Juni	27	04	00	Juli	5	03	51
Juli	11	20	07	Juli	18	16	12	Juli	26	19	25	Aug.	3	12	27
Aug.	10	03	28	Aug.	17	06	02	Aug.	25	10	08	Sept.	1	19	17
Sept.	8	12	02	Sept.	15	23	02	Sept.	23	23	41	Okt.	1	01	31
Okt.	7	22	39	Okt.	15	18	34	Okt.	23	12	09	Okt.	30	08	12
Nov.	6	12	12	Nov.	14	15	02	Nov.	21	23	58	Nov.	28	16	22
Dez.	6	04	57	Dez.	14	10	33	Dez.	21	11	24	Dez.	28	02	56
1992															
Jan.	5	00	11	Jan.	13	03	33	Jan.	19	22	30	Jan.	26	16	28
Febr.	3	20	00	Febr.	11	17	16	Febr.	18	09	04	Febr.	25	08	57
März	4	14	24	März	12	03	37	März	18	19	19	März	26	03	31
April	3	06	02	April	10	11	07	April	17	05	44	April	24	22	40
Mai	2	18	46	Mai	9	16	45	Mai	16	17	04	Mai	24	16	54
Juni	1	04	57	Juni	7	21	48	Juni	15	05	51	Juni	23	09	12
Juni	30	13	19	Juli	7	03	45	Juli	14	20	07	Juli	22	23	13
Juli	29	20	36	Aug.	5	11	59	Aug.	13	11	28	Aug.	21	11	02
Aug.	28	03	43	Sept.	3	23	40	Sept.	12	03	17	Sept.	19	20	54
Sept.	26	11	41	Okt.	3	15	13	Okt.	11	19	04	Okt.	19	05	13
Okt.	25	21	35	Nov.	2	10	12	Nov.	10	10	21	Nov.	17	12	40
Nov.	24	10	12	Dez.	2	07	18	Dez.	10	00	41	Dez.	16	20	15
Dez.	24	01	43												

MONDPHASEN

Neumond	*d*	*h*	*m*	Erstes Viertel	*d*	*h*	*m*	Vollmond	*d*	*h*	*m*	Letztes Viertel	*d*	*h*	*m*
1993															
				Jan.	1	04	39	Jan.	8	13	38	Jan.	15	05	02
Jan.	22	19	28	Jan.	31	00	20	Febr.	7	00	56	Febr.	13	15	58
Febr.	21	14	06	März	1	16	47	März	8	10	47	März	15	05	17
März	23	08	16	März	31	05	11	April	6	19	45	April	13	20	39
April	22	00	49	April	29	13	42	Mai	6	04	35	Mai	13	13	20
Mai	21	15	08	Mai	28	19	22	Juni	4	14	03	Juni	12	06	37
Juni	20	02	54	Juni	26	23	45	Juli	4	00	46	Juli	11	23	50
Juli	19	12	25	Juli	26	04	26	Aug.	2	13	11	Aug.	10	16	20
Aug.	17	20	29	Aug.	24	10	59	Sept.	1	03	34	Sept.	9	07	27
Sept.	16	04	12	Sept.	22	20	33	Sept.	30	19	54	Okt.	8	20	37
Okt.	15	12	37	Okt.	22	09	53	Okt.	30	13	38	Nov.	7	07	37
Nov.	13	22	35	Nov.	21	03	04	Nov.	29	07	32	Dez.	6	16	50
Dez.	13	10	28	Dez.	20	23	26	Dez.	29	00	07				
1994															
												Jan.	5	01	01
Jan.	12	00	11	Jan.	19	21	27	Jan.	27	14	24	Febr.	3	09	07
Febr.	10	15	31	Febr.	18	18	49	Febr.	26	02	16	März	4	17	55
März	12	08	06	März	20	13	15	März	27	12	11	April	3	03	55
April	11	01	18	April	19	03	35	April	25	20	46	Mai	2	15	33
Mai	10	18	08	Mai	18	13	51	Mai	25	04	40	Juni	1	05	03
Juni	9	09	28	Juni	16	20	57	Juni	23	12	34	Juni	30	20	31
Juli	8	22	39	Juli	16	02	13	Juli	22	21	17	Juli	30	13	41
Aug.	7	09	46	Aug.	14	06	58	Aug.	21	07	48	Aug.	29	07	41
Sept.	5	19	34	Sept.	12	12	35	Sept.	19	21	02	Sept.	28	01	24
Okt.	5	04	56	Okt.	11	20	18	Okt.	19	13	19	Okt.	27	17	45
Nov.	3	14	37	Nov.	10	07	15	Nov.	18	07	58	Nov.	26	08	05
Dez.	3	00	55	Dez.	9	22	08	Dez.	18	03	18	Dez.	25	20	08

MONDPHASEN

1995

Neumond	d h m	Erstes Viertel	d h m	Vollmond	d h m	Letztes Viertel	d h m
Jan.	1 11 57	Jan.	8 16 47	Jan.	16 21 27	Jan.	24 05 59
Jan.	30 23 48	Febr.	7 13 55	Febr.	15 13 16	Febr.	22 14 05
März	1 12 49	März	9 11 15	März	17 02 26	März	23 21 11
März	31 03 09	April	8 06 36	April	15 13 09	April	22 04 19
April	29 18 37	Mai	7 22 45	Mai	14 21 49	Mai	21 12 36
Mai	29 10 28	Juni	6 11 27	Juni	13 05 04	Juni	19 23 02
Juni	28 01 51	Juli	5 21 04	Juli	12 11 50	Juli	19 12 11
Juli	27 16 15	Aug.	4 04 17	Aug.	10 19 17	Aug.	18 04 04
Aug.	26 05 33	Sept.	2 10 04	Sept.	9 04 38	Sept.	16 22 10
Sept.	24 17 56	Okt.	1 15 36	Okt.	8 16 53	Okt.	16 17 27
Okt.	24 05 37	Okt.	30 22 18	Nov.	7 08 21	Nov.	15 12 41
Nov.	22 16 44	Nov.	29 07 29	Dez.	7 02 28	Dez.	15 06 33
Dez.	22 03 24	Dez.	28 20 07				

1996

Neumond	d h m	Erstes Viertel	d h m	Vollmond	d h m	Letztes Viertel	d h m
				Jan.	5 21 52	Jan.	13 21 47
Jan.	20 13 51	Jan.	27 12 15	Febr.	4 16 59	Febr.	12 09 38
Febr.	19 00 31	Febr.	26 06 53	März	5 10 24	März	12 18 16
März	19 11 46	März	27 02 32	April	4 01 08	April	11 00 37
April	17 23 50	April	25 21 42	Mai	3 12 49	Mai	10 06 05
Mai	17 12 47	Mai	25 15 15	Juni	1 21 48	Juni	8 12 06
Juni	16 02 37	Juni	24 06 25	Juli	1 04 59	Juli	7 19 56
Juli	15 17 16	Juli	23 18 50	Juli	30 11 37	Aug.	6 06 26
Aug.	14 08 35	Aug.	22 04 38	Aug.	28 18 53	Sept.	4 20 07
Sept.	13 00 09	Sept.	20 12 24	Sept.	27 03 52	Okt.	4 13 06
Okt.	12 15 16	Okt.	19 19 10	Okt.	26 15 12	Nov.	3 08 52
Nov.	11 05 17	Nov.	18 02 10	Nov.	25 05 11	Dez.	3 06 07
Dez.	10 17 58	Dez.	17 10 31	Dez.	24 21 41		

MONDPHASEN

Neumond	d	h	m	Erstes Viertel	d	h	m	Vollmond	d	h	m	Letztes Viertel	d	h	m
1997															
												Jan.	2	02	46
Jan.	9	05	26	Jan.	15	21	03	Jan.	23	16	12	Jan.	31	20	41
Febr.	7	16	08	Febr.	14	09	58	Febr.	22	11	28	März	2	10	39
März	9	02	15	März	16	01	07	März	24	05	46	März	31	20	39
April	7	12	03	April	14	18	01	April	22	21	35	April	30	03	37
Mai	6	21	48	Mai	14	11	56	Mai	22	10	14	Mai	29	08	52
Juni	5	08	05	Juni	13	05	53	Juni	20	20	10	Juni	27	13	43
Juli	4	19	41	Juli	12	22	45	Juli	20	04	21	Juli	26	19	30
Aug.	3	09	15	Aug.	11	13	43	Aug.	18	11	57	Aug.	25	03	24
Sept.	2	00	53	Sept.	10	02	33	Sept.	16	19	52	Sept.	23	14	37
Okt.	1	17	53	Okt.	9	13	23	Okt.	16	04	47	Okt.	23	05	50
Okt.	31	11	02	Nov.	7	22	44	Nov.	14	15	13	Nov.	22	00	59
Nov.	30	03	15	Dez.	7	07	11	Dez.	14	03	38	Dez.	21	22	44
Dez.	28	17	58												
1998															
				Jan.	5	15	20	Jan.	12	18	25	Jan.	20	20	41
Jan.	28	07	02	Febr.	3	23	54	Febr.	11	11	24	Febr.	19	16	28
Febr.	26	18	27	März	5	09	42	März	13	05	35	März	21	08	38
März	28	04	15	April	3	21	20	April	11	23	24	April	19	20	54
April	26	12	43	Mai	3	11	05	Mai	11	15	30	Mai	19	05	36
Mai	25	20	34	Juni	2	02	46	Juni	10	05	19	Juni	17	11	40
Juni	24	04	52	Juli	1	19	43	Juli	9	17	02	Juli	16	16	15
Juli	23	14	45	Juli	31	13	06	Aug.	8	03	11	Aug.	14	20	49
Aug.	22	03	04	Aug.	30	06	08	Sept.	6	12	23	Sept.	13	02	59
Sept.	20	18	02	Sept.	28	22	12	Okt.	5	21	13	Okt.	12	12	12
Okt.	20	11	10	Okt.	28	12	47	Nov.	4	06	20	Nov.	11	01	29
Nov.	19	05	28	Nov.	27	01	24	Dez.	3	16	21	Dez.	10	18	55
Dez.	18	23	44	Dez.	26	11	47								

MONDPHASEN

Neumond	d h m	Erstes Viertel	d h m	Vollmond	d h m	Letztes Viertel	d h m
1999							
				Jan.	2 03 51	Jan.	9 15 23
Jan.	17 16 47	Jan.	24 20 17	Jan.	31 17 08	Febr.	8 12 59
Febr.	16 07 40	Febr.	23 03 44	März	2 08 00	März	10 09 42
März	17 19 49	März	24 11 19	März	31 23 50	April	9 03 52
April	16 05 23	April	22 20 03	April	30 15 56	Mai	8 18 29
Mai	15 13 06	Mai	22 06 35	Mai	30 07 41	Juni	7 05 21
Juni	13 20 04	Juni	20 19 14	Juni	28 22 38	Juli	6 12 58
Juli	13 03 25	Juli	20 10 02	Juli	28 12 26	Aug.	4 18 28
Aug.	11 12 09	Aug.	19 02 48	Aug.	27 00 49	Sept.	2 23 18
Sept.	9 23 03	Sept.	17 21 07	Sept.	25 11 52	Okt.	2 05 03
Okt.	9 12 36	Okt.	17 16 00	Okt.	24 22 04	Okt.	31 13 05
Nov.	8 04 54	Nov.	16 10 04	Nov.	23 08 05	Nov.	30 00 19
Dez.	7 23 32	Dez.	16 01 51	Dez.	22 18 33	Dez.	29 15 05
2000							
Jan.	6 19 14	Jan.	14 14 35	Jan.	21 05 41	Jan.	28 08 58
Febr.	5 14 04	Febr.	13 00 22	Febr.	19 17 28	Febr.	27 04 55
März	6 06 18	März	13 08 00	März	20 05 45	März	28 01 22
April	4 19 14	April	11 14 31	April	18 18 43	April	26 20 31
Mai	4 05 13	Mai	10 21 01	Mai	18 08 36	Mai	26 12 56
Juni	2 13 16	Juni	9 04 31	Juni	16 23 28	Juni	25 02 01
Juli	1 20 21	Juli	8 13 55	Juli	16 14 56	Juli	24 12 03
Juli	31 03 26	Aug.	7 02 03	Aug.	15 06 14	Aug.	22 19 52
Aug.	29 11 20	Sept.	5 17 28	Sept.	13 20 38	Sept.	21 02 29
Sept.	27 20 54	Okt.	5 12 00	Okt.	13 09 54	Okt.	20 09 00
Okt.	27 08 59	Nov.	4 08 27	Nov.	11 22 15	Nov.	18 16 26
Nov.	26 00 13	Dez.	4 04 56	Dez.	11 10 04	Dez.	18 01 43
Dez.	25 18 22						

MONDPHASEN

2001

Neumond	*d*	*h*	*m*	Erstes Viertel	*d*	*h*	*m*	Vollmond	*d*	*h*	*m*	Letztes Viertel	*d*	*h*	*m*
				Jan.	2	23	32	Jan.	9	21	26	Jan.	16	13	36
Jan.	24	14	08	Febr.	1	15	04	Febr.	8	08	13	Febr.	15	04	25
Febr.	23	09	22	März	3	03	04	März	9	18	24	März	16	21	46
März	25	02	22	April	1	11	50	April	8	04	23	April	15	16	32
April	23	16	27	April	30	18	09	Mai	7	14	54	Mai	15	11	11
Mai	23	03	47	Mai	29	23	10	Juni	6	02	40	Juni	14	04	29
Juni	21	12	59	Juni	28	04	21	Juli	5	16	05	Juli	13	19	46
Juli	20	20	46	Juli	27	11	09	Aug.	4	06	57	Aug.	12	08	54
Aug.	19	03	57	Aug.	25	20	56	Sept.	2	22	44	Sept.	10	20	00
Sept.	17	11	28	Sept.	24	10	32	Okt.	2	14	49	Okt.	10	05	21
Okt.	16	20	24	Okt.	24	03	59	Nov.	1	06	42	Nov.	8	13	22
Nov.	15	07	41	Nov.	23	00	21	Nov.	30	21	50	Dez.	7	20	53
Dez.	14	21	48	Dez.	22	21	57	Dez.	30	11	42				

2002

Neumond	*d*	*h*	*m*	Erstes Viertel	*d*	*h*	*m*	Vollmond	*d*	*h*	*m*	Letztes Viertel	*d*	*h*	*m*
												Jan.	6	04	56
Jan.	13	14	30	Jan.	21	18	48	Jan.	28	23	52	Febr.	4	14	34
Febr.	12	08	41	Febr.	20	13	03	Febr.	27	10	18	März	6	02	26
März	14	03	04	März	22	03	30	März	28	19	26	April	4	16	30
April	12	20	22	April	20	13	49	April	27	04	01	Mai	4	08	17
Mai	12	11	47	Mai	19	20	43	Mai	26	12	53	Juni	3	01	06
Juni	11	00	47	Juni	18	01	31	Juni	24	22	43	Juli	2	18	21
Juli	10	11	27	Juli	17	05	48	Juli	24	10	08	Aug.	1	11	24
Aug.	8	20	16	Aug.	15	11	13	Aug.	22	23	30	Aug.	31	03	32
Sept.	7	04	11	Sept.	13	19	10	Sept.	21	15	00	Sept.	29	18	04
Okt.	6	12	19	Okt.	13	06	35	Okt.	21	08	21	Okt.	29	06	29
Nov.	4	21	36	Nov.	11	21	54	Nov.	20	02	35	Nov.	27	16	47
Dez.	4	08	35	Dez.	11	16	49	Dez.	19	20	11	Dez.	27	01	32

MONDPHASEN

Neumond		Erstes Viertel		Vollmond		Letztes Viertel	
	d h m		*d h m*		*d h m*		*d h m*
2003							
Jan.	2 21 24	Jan.	10 14 16	Jan.	18 11 49	Jan.	25 09 35
Febr.	1 11 50	Febr.	9 12 13	Febr.	17 00 52	Febr.	23 17 47
März	3 03 36	März	11 08 17	März	18 11 35	März	25 02 53
April	1 20 19	April	10 00 41	April	16 20 37	April	23 13 20
Mai	1 13 15	Mai	9 12 54	Mai	16 04 37	Mai	23 01 31
Mai	31 05 20	Juni	7 21 28	Juni	14 12 17	Juni	21 15 46
Juni	29 19 40	Juli	7 03 33	Juli	13 20 22	Juli	21 08 02
Juli	29 07 54	Aug.	5 08 29	Aug.	12 05 50	Aug.	20 01 49
Aug.	27 18 27	Sept.	3 13 36	Sept.	10 17 38	Sept.	18 20 04
Sept.	26 04 10	Okt.	2 20 11	Okt.	10 08 28	Okt.	18 13 32
Okt.	25 13 51	Nov.	1 05 26	Nov.	9 02 14	Nov.	17 05 17
Nov.	24 00 01	Nov.	30 18 17	Dez.	8 21 37	Dez.	16 18 43
Dez.	23 10 45	Dez.	30 11 04				

Literatur

Adderly, E. E., and Bowen, E. G., »Lunar Component in Precipitation Data«, *Science* 137 (1962): 749–50.

American Ephemeris and Nautical Almanac (Washington, D.C.: U. S. Government Printing Office, Annual editions, 1956–70).

Andrews, E. A., »Moon Talk: The Cyclic Periodicity of Postoperative Hemorrhage«, *Journal of the Florida Medical Association* 46 (1961): 1362–66.

Armstrong, N., Collins, M., and Aldrin, E. E., Jr., epilogue by Arthur C. Clarke, *First on the Moon* (Boston: Little, Brown & Co., 1970); deutsch: »Wir waren die ersten«. Berlin: Ullstein 1970.

Barnett, L., *The Universe and Dr. Einstein* (New York: William Sloane Associates, 1948).

Bauer, S. F., and Hornick, F. J. »Lunar Effect on Mental Illness«, *American Journal of Psychiatry* 125 (1968): 696–97.

Becker, R. O., »Electromagnetic Forces and Life Processes«, *Technology Review* 75 (1972): 2–8.

— Brief an Jerome Agel, November 24, 1975.

Bisbee, D. S. P., »The Effects of Lunar Cycles and Diurnal Rhythms on Activity, Exploration and Elicited Aggression in Rats and Mice«, Thesis for Ph. D. in experimental psychology, Auburn University, 1974.

Bjerknes, J., »Atmospheric Tides«, *Journal of Marine Research* 7 (1948): 157–62.

Blackman, S., and Catalina, D. »The Moon and the Emergency Room«, *Perceptual and Motor Skills* 37 (1973): 624–26.

Bokonjic, R., and Zec, N., »Strokes and the Weather: A Quantitative Statistical Study«, *Journal of Neurological Science* 6 (1968): 483–91.

Bradley, D. A., Woodbury, M. A., and Brier, G. W., »Lunar Synodical Period and Widespread Precipitation«, *Science* 137 (1962): 748–49.

Brier, G. W., »Diurnal and Semidiurnal Atmospheric Tides in Relation to Precipitation Variations«, *Monthly Weather Review* 93 (1965): 93–100.
— and Bradley, D. A., »The Lunar Synodical Period and Precipitation in the United States«, *Journal of Atmospheric Science* 21 (1964): 386–95.
— and Simpson, J., »Tropical Cloudiness and Rainfall Related to Tidal Pressure and Variations«, *Quarterly Journal of the Royal Meteorological Society* 95 (1969): 120–47.
Brown, F. A., »Biological Clocks: Endogenous Cycles Synchronized by Subtle Geophysical Rhythms«, *Biosystems* 8 (1976): 67–81.
— »The ›Clocks‹ Timing Biological Rhythms«, *American Scientist* 60 (1972): 756–66.
— and Chow, C. S., »Field Interactions Between Organisms«, *Biological Bulletin* 145 (1973): 437–61.
— »Lunar-Correlated Variations in Water Uptake by Bean Seeds«, *Biological Bulletin* 145 (1973): 265–78.
— Hastings, J. W., and Palmer, J. D., *The Biological Clock: Two Views* (New York: Academic Press, 1970).
Bulka, Rabbi R. P., Brief an Dr. Arnold L. Lieber, August 6, 1972.
Burke, P., Brief an Dr. Arnold L. Lieber, December 12, 1972.
Burr, H., *Blueprint for Immortality* (London: Neville Spearman, 1972).
Calder, N., *Violent Universe* (New York: The Viking Press, 1969).
Carpenter, T. H., Holle, R. L., and Fernandez-Partagas, J. J., »Observed Relationships Between Lunar Tidal Cycles and Formation of Hurricanes and Tropical Storms«, *Monthly Weather Review* 100 (1972): 451–60.
Chancellor J., *Charles Darwin* (New York: Taplinger Pub. Co., 1976).
Chapman, L. J., »A Search for Lunacy«, *Journal of Nervous and Mental Disease* 132 (1961): 171–74.
Cooper, H. S. F., Jr., *Moon Rocks* (New York: The Dial Press, 1970).
Cutts, B., »The Marital Blitz Bliss«, The Atlanta *Constitution,* September 2, 1977.
Danneel, R., »Der Einfluß geophysikalischer Faktoren auf die Selbstmordhäufigkeit.« *Archiv für Psychiatrie und Nervenkrankheiten* 219 (1974): 153–57.
Darwin, C., *The Descent of Man and Selection in Relation to Sex* (New York: AMS Press, 1972).
Davidson, J. E., and others, »Intriguing Accident Patterns Plotted Against a Background of Natural Environment Features:, Sandia Laboratories, New Mexico, August 1970.
Decimal Ephemeris of the Sun and Moon, 1848 to 1974 (Washington, D.C.: U. S. Weather Bureau microfilm).

de Rudder, B., Über sogenannte »kosmische« Rhythmen beim Menschen (Stuttgart: G. Thieme, 1948).
Deshpanday, S. K., Brief an Dr. Arnold L. Lieber and Dr. Carolyn R. Sherin, November 18, 1972.
Dorland, J. A., Brief an Dr. Arnold L. Lieber, September 9, 1972.
Dubrow, A., »Heliobiology«, *Soviet Life,* January 1972.
Edland, J. F., »Suicide by Automobile«, *Albany Law Review* 36 (1972): 536–42.
Eisler, R., *Man Into Wolf, An Anthropological Interpretation of Sadism, Masochism and Lycanthropy* (New York: Greenwood Press, 1969).
Ferenczi, S., *Thalassa: A Theory of Genitality* (New York: W. W. Norton & Co., 1968).
Florence, E., Brief an Dr. Arnold L. Lieber, August 17, 1972.
Fox, H. M., »Lunar Periodicity of Reproduction«, *Nature* 130 (1932): 23.
Fox, V., Brief an Jerome Agel, January 21, 1977.
Friedman, H., and Becker, R. O., »Geomagnetic Parameters and Psychiatric Hospital Admissions«, *Nature* 200 (1963): 626–28.
— Becker, R. O., and Bachmann, C. H., »Effect of Magnetic Fields on Reaction Time Performance«, *Nature* 213 (1967): 949–56.
— »Psychiatric Ward Behavior and Geophysical Parameters«, *Nature* 205 (1965): 1050–52.
Gauquelin, M., *The Cosmic Clocks* (Chicago: Henry Regnery Co., 1967).
Geller, S. H., and Shannon, H., »The Moon, Weather and Mental Hospital Contacts: Confirmation and Explanation of the Transylvania Effect«, *Journal of Psychiatric Nursing and Mental Health Services* 14 (1976): 13–17.
Graves, R., *The Greek Myths,* Vol. 1 (Baltimore, Md.: Penguin Books, 1955).
— *The White Goddess* (New York: Octagon, 1972).
Gribbin, J. R., and Plagemann, S. H., *The Jupiter Effect* (New York: Random House, 1974).
Gunn, D. L., and Jenkins, P. M., »Lunar Periodicity in Homo Sapiens«, *Nature* 139 (1937): 84.
Guthmann, H., und Oswald, D., Menstruation und Mond, *Monatsschrift für Geburtshilfe und Gynäkologie* 103 (1936): 232–35.
Haddock, J. S., Brief an Dr. Arnold L. Lieber, Mai 5, 1972.
Harding, J. E., *Woman's Mysteries* (New York: Putnam, 1972).
Heckert, H., *Lunationsrhythmen des menschlichen Organismus* (Leipzig: Akademische Verlagsgesellschaft, 1961).
— »Monthly Sexual Periodicity in the Male«, Summary, *Chronobiologia,* 11 (1975): Supp. 1.

Inglis, S. J., *Planets, Stars and Galaxies* (New York: John Wiley and Sons, 1967).
Jordan, D. L., »Tidal Forces and the Formation of Hurricanes«, *Nature* 175 (1955): 38–39.
Jung, C. G., *Synchronicity: An Acausal Connecting Principle,* translated by R. F. C. Hull (Princeton, N.J.: Bollingen Series, Princeton University Press, 1969).
Kelley, D. M., »Mania and the Moon«, *Psychoanalytical Review* 29 (1942): 406–26.
Kerry, R. J., and Owen, G., »Lithium Carbonate as a Mood and Total Body Water Stabilizer«, *Archives of General Psychiatry* 22 (1970): 301–3.
Kiser, W. L., Carpenter, H. T., and Brier, G. W., »The Atmospheric Tides at Wake Island«, *Monthly Weather Review* 91 (1963): 566–72.
Klinowska, M., »A Comparison of the Lunar and Solar Activity Rhythms of the Golden Hamster«, *Journal of Interdisciplinary Cycle Research* 3 (1972): 145–50.
— »Lunar Rhythms in Activity, Urinary Volume and Acidity in the Golden Hamster«, *Journal of Interdisciplinary Cycle Research* 1 (1970): 317–22.
Koestler, A., *The Watershed: A Biography of Johannes Kepler* (Garden City, N.Y.: Anchor Books, 1960).
Kolisko, L., *The Moon and the Growth of Plants* (Bray-on-Thames: Anthroposophical Agricultural Foundation, 1936).
Krippner, S., and Rubin, D., eds., *The Kirlian Aura: Photographing the Galaxies of Life* (Garden City, N.Y.: Anchor Press, 1974).
Lakein, A., *It's About Time & It's About Time,* produced by Jerome Agel (New York: Bantam Books, 1975).
Lester, D., Brockopp, G. W., and Priebe, K., »Association Between Full Moon and Completed Suicide«, *Psychological Reports* 25 (1969): 598.
Lieber, A. L., »Human Aggression and the Lunar Synodic Cycle«, paper presented at the Seventh International Biometeorological Congress, College Park. Md., August 1975.
— »Lunar Effect on Homicides: A Confirmation«, *International Journal of Chronobiology* 4 (1973): 338–39.
— »On the Moon Again«, letter to editor, *American Journal of Psychiatry* 132 (1975): 669–70.
— Brief an Dr. Joseph Davis, Dade County Medical Examiner, January 1974.
— and Sherin, C. R., »Homicides and the Lunar Cycle: Toward a Theory of

Lunar Influence on Human Emotional Disturbance«, *American Journal of Psychiatry* 129 (1972): 69–74.
Lilienfeld, D. M., »Lunar Effect on Mental Illness«, *American Journal of Psychiatry* 125 (1969): 1454.
Luce, G. G., ed., *Biological Rhythms in Psychiatry and Medicine* (Washington, D.C.: Public Health Service Publication #2088, U. S. Government Printing Office, 1970).
Malmstrom, E. J., »Correlating Crime with Lunar Cycles«, National Institute of Mental Health Report, December 1977.
Marks, R. W., ed., *The New Dictionary and Handbook of Aerospace* (New York: Bantam Books, 1969).
McDaniel, W. B., »The Moon, Werewolves, and Medecine«, *Transactions and Studies of the College of Physicians of Philadelphia,* 4 Series, 18, 3 (December 1950).
Mc.Donald, R. L., »Lunar and Seasonal Variations in Obstetric Factors«, *Journal of Genetic Psychology* 108 (1966): 81–87.
Menaker, W., »Lunar Periodicity with Reference to Live Births«, *American Journal of Obstetrics and Gynecology* 98 (1967): 1002–4.
— and Menaker, A., »Lunar Periodicity in Human Reproduction: A Likely Unit of Biological Time«, *American Journal of Obstetrics and Gynecology* 77 (1959): 905–14.
Miami *Herald,* »Blame Moon in Triangle?« (June 5, 1976).
Miles, L. E. M., Raynal, D. M., and Wilson, M. A., »Blind Man Living in Normal Society Has Circadian Rhythms of 24.9 Hours«, *Science* 198 (1977): 421–23.
Newton, E. C., Brief an Dr. Arnold L. Lieber, May 15, 1972.
Oliven, J. F., »Moonlight and Nervous Disorders«, *American Journal of Psychiatry* 99 (1943): 579–84.
Osborn, R. D., »The Moon and the Mental Hospital«, *Journal of Psychiatric Nursing* 6 (1968): 88–93.
Osley, M., Summerville, D., and Borst, L. B., »Natality and the Moon«, *American Journal of Obstetrics and Gynecology* 117 (1973): 413–15.
Ossenkopp, K.-P., Letter to Dr. Arnold L. Lieber, September 2, 1972.
— and Ossenkopp, M. D., »Self-inflicted Injuries and the Lunar Cycle: A Preliminary Report«, *Journal of Interdisciplinary Cycle Research* 4 (1973): 337–48.
Ostrander, S., and Schroeder, L., *Psychic Discoveries Behind the Iron Curtain* (Englewood Cliffs, N.J.: Prentice-Hall, 1970).

Palmer, J. D., *An Introduction to Biological Rhythms* (New York: Harcourt Brace Jovanovich, 1976).
Petersen, W. F., *Man, Weather, Sun* (Springfield, Ill.: Charles C. Thomas, 1947).
Petterssen, S., *Introduction to Meteorology* (New York: McGraw-Hill, 1969).
Phillips, R., *Moonstruck: An Anthology of Lunar Poetry* (New York: The Vanguard Press, 1974).
Pochobradsky, J., »Independence of Human Menstruation on Lunar Phases and Days of the Week«, *American Journal of Obstetrics and Gynecology* 118 (1974): 1136–38.
Pokorny, A. D., »Moon Phases and Mental Admissions«, *Journal of Psychiatric Nursing* 6 (1968): 325–27.
— »Moon Phases, Suicide and Homicide«, *American Journal of Psychiatry* 121 (1964): 66–67.
— and Jachimczyk, J., »The Questionable Relationship Between Homicides and the Lunar Cycle«, *American Journal of Psychiatry* 131 (1974): 827–29.
— Smith, J. P., and Finch, J. R., »Vehicular Suicides«, *Lifethreatening Behavior* 2 (1972): 105–19.
Presman, A. S., *Electromagnetic Fields and Life* (New York: Plenum Press, 1970).
Ravitz, L. J., »Electromagnetic Field Monitoring of Changing State-Function Including Hypnotic States«, *Journal of the American Society of Dentistry and Medicine* 17 (1970): 119–29.
— »Electrodynamic Field Theory in Psychiatry«, *Southern Medical Journal* 46 (1953): 650–60.
— »Application of Electrodynamic Field Theory in Biology, Psychiatry, Medicine and Hypnosis. I. General Survey«, *American Journal of Clinical Hypnosis,* 1 (1959): 135–50.
— Brief an Dr. Arnold L. Lieber, July 20, 1972.
Rensberger, B., »186 Top Scientists Dismiss Astrologers as Charlatans«, The New York *Times,* September 3, 1975, 1:1.
Rhyne, W. P., »Spontaneous Hemorrhage«, *Journal of the Medical Association of Georgia* (December 1966).
Rosenstock, H. A., Vincent, K. R., »A Case of Lycanthropy«, *American Journal of Psychiatry* 134 (1977): 1147–49.
Rothenberg, A., »The Process of Janusian Thinking in Creativity«, *Archives of General Psychiatry* 24 (1971): 195–205.
Rounds, H. D., »A Lunar Rhythm in the Occurrence of Blood-Borne Factors in Cockroaches, Mice and Men«, *Comparative Biochemical Physiology* (Great Britain: Pergamon Press) 50C, 193–97.

Rush, A. K., *Moon, Moon* (New York: Random House and Berkeley, Ca.: Moon Books, 1976).

Sagan, C., *Other Worlds,* produced by Jerome Agel (New York: Bantam Books, 1975).

Sarton, G., »Lunar Influences on Living Things«, *Iris* 30 (1939): 498–507.

Selzer, M., and Payne, C., »Automobile Accidents, Suicides and Unconscious Motivation«, *American Journal of Psychiatry* 199 (1962): 237–40.

Shapiro, J. L., Steiner, D. L., Gray, A. L., and others, »The Moon and Mental Illness«, *Perceptual and Motor Skills* 30 (1970): 827–30.

»Solar Flares: Link to Thunderstorms«, *Science News,* June 18, 1977.

Soyka, F., with Edmonds, A., *The Ion Effect* (New York: E. P. Dutton, 1977).

Stolov, H. L., »Tidal Wind Fields in the Atmosphere«, *Journal of Meteorology* 12 (1955): 117–40.

Stone, M. H., »Madness and the Moon Revisited«, *Psychiatric Annals* 6 (April 1976).

Svens, B., Brief an Jerome Agel, May 2, 1977.

Talbott, S. L., and others, editors of *Pensée. Velikovsky Reconsidered* (New York: Warner Books, 1976).

Tasso, J., and Miller, E., »The Effects of the Full Moon on Human Behavior«, *Journal of Psychology* 93 (1) (1976): 81–83.

Taylor, L. J., and Diespecker, D. D. »Moon Phases and Suicide Attempts in Australia«, *Psychological Reports* 31 (1972): 110.

Thomson, D., »The Ebb and Flow of Infection«, *Journal of the American Medical Association* 235 (1976): 269–72.

Trapp, C. E., »Lunacy and the Moon«, *American Journal of Psychiatry* 94 (1937): 334–39.

Tromp, S. W., *Medical Biometeorology* (New York: Elsevier, 1963).

— »Research Project on Terrestrial Biological, Medical and Biochemical Phenomena, Caused or Triggered by Possible Extraterrestrial Physical Forces«, *Cycles,* February 1970.

Velikovsky, I., *Worlds in Collision* (New York: Doubleday & Co., 1950).

Verghese, A., and Beig, A., »Public Attitudes Toward Mental Illness – the Vellore Study«, *Indian Journal of Psychiatry* (Madurai) 16, 1 (1974): 8–18.

Vessey, S. H. »Night Observations of Free-Ranging Primates«, Department of Biology, Bowling Green State University, Ohio.

Walters, E., Markley, R. P., and Tiffany, D. W., »Lunacy: A Type-I Error«, *Journal of Abnormal Psychology* 84 (1975): 715–17.

Ward, R. R., *The Living Clocks* (New York and Toronto: New American Library, 1971).

Weiskott, G. N., »Moon Phase and Telephone Counseling Calls«, *Psychological Reports* 35 (1974): 752–54.
— and Tipton, G. B., »Moon Phases and State Hospital Admissions«, *Psychological Reports* 37 (1975): 486.
Wilson, C., *The Occult* (New York: Random House, 1971).
Wing, L. W., »The Effect of Latitude on Cycles«, *Annals of New York Academy of Sciences* 98 (1962).
Wood, F. J., »Predicting Perilous Tides«, *Science Year,* The World Book Science Annual, 1975.
Wurtman, R. J., »The Pineal Gland: A Ciba Symposium« (Summary), 1971.
Ziegler, M., »A Lunar Loss of Marbles«, San Francisco *Chronicle,* May 2, 1977, 2.

Literatur zum Nachwort

Blume, H.(-J.): Über die Analyse kurzer Kurvenzüge. *ZAMM* 23 (1943) 346.
Brunner, H.: Über das zeitliche Auftreten der croupösen Lungenentzündung. *Dt. Arch. klin. Med.* 60 (1898) 339.
– Über den Einfluß der Gravitation des Mondes auf Invasion und Krisis der croupösen Pneumonie. *Dt. Arch. klin. Med.* 62 (1899) 574.
Bühler, W.: *Über Mondenwirksamkeiten in der Nativität.* Inaug.-Diss. Freiburg i. Br., Med. Fak. 1940.
Caspers, H.: Rhythmische Erscheinungen und das Problem der lunaren Periodizität. *Arch. Hydrobiol.* Suppl.-Bd. XVIII. (1951) 415.
Dewey, E. R.: A 29 ½-Day Cycle in the Births of Infants. *Cycles* 1 (1950) 2, 15.
Dresler, A.: Über eine jahreszeitliche Schwankung der spektralen Hellempfindlichkeit. *Das Licht* 10 (1940) 79.
Ellis, H.: *Geschlechtstrieb und Schamgefühl,* Leipzig 1900.
Faust, V.: *Biometeorologie: Der Einfluß von Wetter und Klima auf Gesunde und Kranke,* Sonderaufl., Stuttgart 1979.
Fischer, H.: *Schwankungen der täglichen Geburtenzahlen* (spez. mit Mond und Wetter). Inauf.-Diss. Leipzig Med. Fak. 1939.
Günther, W.: Bestehen Zusammenhänge zwischen Geburtstermin, Geschlecht des Kindes und Mondstellung? *Zbl. Gynäkol.* 62 (1938) 1196.
Halberg, F., et al., in v. Mayersbach, H., Hrsg.: *The cellular aspects of biorhythms,* S. 30–48, Berlin 1967.
Heckert, H.:
– *Lunationsrhythmen des menschlichen Organismus.* Probleme der Bioklimatologie Bd. 7, Leipzig 1961.

– *Bestimmung signifikanter Kriterien bei statistischen Rhythmen.* 8th Conf. Soc. biol. Rhythm 1963.
– *Biologische Lunar-Periodik.* 9. internat. Konf. Soc. biol. Rhythm 1967.
– *Eine mathematische Rhythmusanalyse gravitationsperiodischer Bevölkerungsbewegungen.* XI. Internat. Conf. Internat. Soc. Chronobiology 1973.
– *Gravitation – an effective agent in human enviroment.* 1er Congr. Mond. Méd. Biol. de l'Envorinnement 1974.
– Monthly Sexual Periodicity in the Male. Summary, *Chronobiologia* 11 (1975) Supp. 1.

Hellpach, W.: *Geopsyche. Die Menschenseele unterm Einfluß von Wetter und Klima, Boden und Landschaft.* 4. Aufl., Leipzig 1935.

Hosemann, H.: Bestehen solare und lunare Einflüsse auf die Nativität und den Menstruationszyklus? *Z. Geburtsh. u. Gynäkol.* 133 (1950) 263.

Jores, A.: Gibt es einen Einfluß des Mondes auf den Menschen? *Dt. med. Wschr.* 63 (1937) 12.

Klimmer, R.: Die Beeinflussung der Häufigkeit epileptischer Anfälle usw. *Das Dt. Gesundheitswesen* 2 (1947) 95.

Kohlrausch, A.: Periodische Änderungen des Farbensehens. In: »Film und Farbe«, *Schriftenreihe der Reichsfilmkammer.* Bd. 9, S. 98, Berlin 1943.

Menzel, W.: Wellenlänge und Phasenlage der menschlichen Nierenrhythmik mit Analysen nach dem Blume'schen Verfahren. *Z. ges. exper. Med.* 116 (1950) 237.

Neumann, D.: *Tide- und Lunarrhythmen.* In: *Biologische Rhythmen,* Aulendorf 1979.

Nottbohm, L.: *Beeinflußt der Mond die Nativität?* Inaug.-Diss. Göttingen, Med. Fak. 1949.

Pentz, U. v.: *Untersuchungen über Harnsäureausscheidungen.* Inaug.-Diss. Hamburg Med. Fak. 1952.

Perry-Coste, F. H.: *Sexual-Periodizität beim Manne.* Appendix B in Ellis, H.: *Geschlechtstrieb und Schamgefühl,* Leipzig 1900.

Schweig, G.: *Untersuchungen über periodische Vorgänge im gesunden und kranken Organismus des Menschen,* Karlsruhe 1843.

Schweiger, H. G.: *Zirkadiane Rhythmen in Einzellern.* In: *Biologische Rhythmen,* Aulendorf 1979.

Tallquist, K.: *Månen i myt och dikt, folketro och kult,* Stockholm 1948.

Wing, L. W.: Rhythms Statistics. J. *Cycle Res.* 3 (1954) 87.

Register